THE 17TH

第十七届中国室内设计大奖赛

优秀作品集

中国建筑学会室内设计分会 编

江苏凤凰科学技术出版社

图书在版编目（ＣＩＰ）数据

第十七届中国室内设计大奖赛优秀作品集 ／ 中国建筑学会室内设计分会编. -- 南京：江苏凤凰科学技术出版社，2015.5

ISBN 978-7-5537-4312-7

Ⅰ. ①第… Ⅱ. ①中… Ⅲ. ①室内装饰设计—作品集—中国—现代 Ⅳ. ①TU238

中国版本图书馆CIP数据核字(2015)第066073号

第十七届中国室内设计大奖赛优秀作品集

编　　　者	中国建筑学会室内设计分会
项 目 策 划	凤凰空间 / 白　雪 李媛媛
责 任 编 辑	刘屹立
特 约 编 辑	白　雪

出 版 发 行	凤凰出版传媒股份有限公司 江苏凤凰科学技术出版社
出版社网址	南京市湖南路1号A楼，邮编：210009
出版社网址	http：//www.pspress.cn
总 　经 　销	天津凤凰空间文化传媒有限公司
总经销网址	http：//www.ifengspace.cn
经 　　　销	全国新华书店
印 　　　刷	北京博海升彩色印刷有限公司

开　　　本	965 mm×1270 mm 1 / 16
印 　　　张	20
字 　　　数	160 000
版 　　　次	2015年5月第1版
印 　　　次	2015年5月第1次印刷

| 标 准 书 号 | ISBN 978-7-5537-4312-7 |
| 定 　　　价 | 328.00元（精） |

图书如有印装质量问题，可随时向销售部调换（电话：022-87893668）。

CIID ⑰ 大 奖 赛

本书收集了中国建筑学会室内设计分会 2014 年举办的第十七届中国室内设计大奖赛各类获奖作品。全书内容包括工程类作品（酒店会所类、餐饮类、休闲娱乐类、零售商业类、办公类、文化展览类、市政交通类、教育医疗类、住宅类）、方案类作品、新秀奖作品及入选奖作品。

本书可供室内设计、建筑设计、环艺设计、景观设计等专业设计师和院校师生借鉴参考。

大赛评委

周 畅
中国建筑学会 秘书长

闵泳柏
IFI 前主席
闵氏国际有限公司 首席设计师

吕品晶
中央美术学院建筑学院 院长
教授

沈立东
上海现代建筑设计（集团）
有限公司 副总经理

李益中
李益中空间设计公司
设计总监

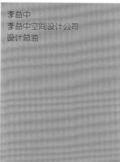

陈厚夫
深圳厚夫设计顾问有限公司
董事长

目录
CONTENTS

工程类
ENGINEERING

办公类

文化展览类

市政交通类

教育医疗类

住宅类

方案类
SOLUTION

新秀奖
ROOKIE AWARD

入选奖
SELECTED AWARD

金奖
Gold award

老房子

项目地址：河南省郑州市
设计单位：郑州弘文建筑装饰设计有限公司
设计团队：王政强、任红涛、郭全生、郭亚
竣工时间：2014 年 6 月
项目面积：1000 平方米
主要材料：老砖、石材、榆木、石雕、混凝土凿毛、树枝、
　　　　　老家具
关 键 词：道法自然、回归

清代的砖、历代的石雕、百年的柿树、婆娑的影、成荫的草木装点了老房子。这里留下了前人太多的记忆与情感。自然、本真、手工。不要设计行气，不要设计技巧，用心感受，感动自己。时光匆匆，太多无奈！这个时代你跑你的，我奔我的。道的理法：不争、不抢、不突出。

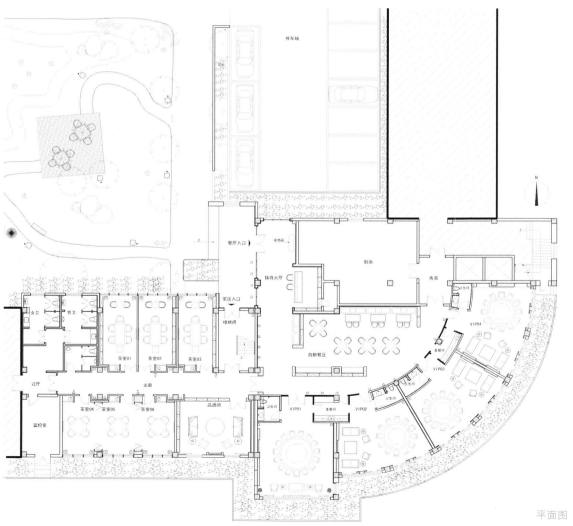

平面图

S 银奖
ilver award

流动
——厦门 ALVIN 高级定制摄影会所

项目地址：福建省厦门市五缘湾
设计单位：界空间设计事务所
设计主创：翁德、梁剑峰
设计时间：2014 年 4 月
竣工时间：2014 年 6 月
设计风格：现代奢华
项目面积：130 平方米
主要材料：古木纹大理石、钢化玻璃、进口壁纸、鳄鱼皮革、
　　　　　饰面板
摄　　影：刘腾飞

ALVIN 高级定制摄影会所的市场定位是向高端客户提供特定的服务，其中隐藏的是一种品牌文化与修养：尊贵、私密的享受；宁静而内敛。

设计师满足了客户收纳与展示 50 件顶级婚纱的空间功能需求。规划布局的灵感源自集装箱，整个平面布局由一个个集装箱构成，每个箱体有其独特的性能与特质。

为了使每个箱体具有通透感，每个箱体都采用玻璃围合。地面都是"流水"，在流水的映衬下彰显了"建筑犹如从水中浮出"的设计理念。暗色亮丽石材、金属、镜面、皮革等极具现代感的材质尽显高贵与奢华；暗调灯光氛围尽显高雅的品牌形象。它不过于前卫，也不过于华丽；它继承了日式设计的精细、欧式传统的华美，用凝练的色彩与线条构筑最简单亦华丽的空间。设计师在空间中也无处不融入了 ALVIN 几个字母并以此作为设计元素，令整个空间更引人遐思。以上均凸显了品牌魅力，提升了品牌价值。

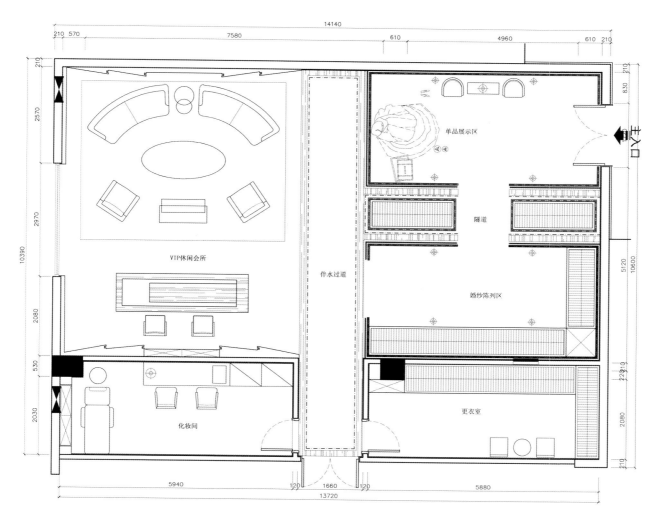

平面图

S银奖
Silver award

瑞禾园雅集会所

项目地址：河南省郑州市惠济区
设计单位：河南鼎合建筑装饰设计工程有限公司
设计主创：刘世尧
设计团队：李西瑞、许国娜、杜娇、吴亮亮
设计时间：2012 年 12 月
竣工时间：2013 年 10 月
项目面积：900 平方米
主要材料：青石板、壁纸、绿可木、红玫瑰实木

对院子的情结让我们下决心把这幢在公司旁边的三层小楼租下，
其院子为思维延展提供了更广阔的空间，也能让我们的心静下来，
去感知自然、建筑与人之间的和谐美。

建筑原是三层欧式别墅，因日久年深早已十分破旧。这个院子定
位为一个东方的、简约的、宁静的、以雅集为主题的会所，同时，
也想通过雅集活动，与更多的人分享对美好生活的感知和体悟。

一层是举办雅集活动的主要空间。原建筑体量方正，线、面、体、
块形成虚实对比，将建筑分割为以水平方向构成的立面。天花板
和加建部分都是传统木质结构的，并向外挑出形成屋檐，下面衔
接着落地窗，可将园林景致尽收眼底。罗汉床背后的竹帘隐约地
遮住了层层叠加的灰瓦，它们整齐地排列着，将室外的天光化为
波光，柔和的波光射入室内。而地面上，室内的黑色石板与室外
的白色卵石阴阳相济，一同诠释着东方哲学。二、三层为餐、茶
空间，饰以木质地板、青色亚麻壁布并以精致的黑色线条加以分
割，于宁静、祥和中透出简约的东方雅韵。

雅集活动每月举办一次，多为品茶、闻香、音律丝竹、吟诗作赋
等内容。在长长的木案上托腮，坐着改良过的中式椅子，案上是
现代简约的烛台。置物柜却是有些年月的老物件，将军罐用作台
灯，照拂着绿叶黄花。在这里，人与物两两相望，新与旧握手言和，
传统与现代相依相生。而院子、建筑与人构成淡雅、和谐的场景，
掩映在树木中，体现了东方的萌翳之美。

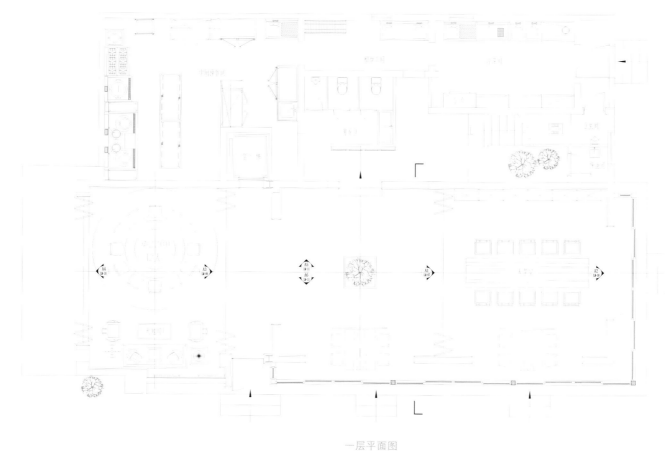

一层平面图

B铜奖
ronze award

成都永立国际会所

设计单位：深圳市派尚环境艺术设计有限公司
设计主创：周静、周伟栋
竣工时间：2013 年
项目面积：850 平方米
主要材料：天然大理石、虎眼石、钢刷木饰面、拉丝铜、
　　　　　水洗皮革硬包

宁静的诗意，采撷于自然

该项目位于"天府之国"成都。蜀地作为道教的重要发源地，其
文化历来重视"无为"，其要义是："道"乃宇宙万物的根源，
"道"是"无为"而自然的，智者应该而且必须体会天地自然的
规律，顺其自然地把握自己，成就完整的人生。

会所的室内设计皆在体现"虽有人作，宛自天开"的和谐与平衡，
保留自然的美感。木与石纹理之美，玻璃具有清透的质感，它们
在光影下呈现出繁复、不规则的变化，营造了典雅的氛围，也让
人联想到高原海子澄净透亮的光影，山川河海变幻莫测的肌理。
宁静的诗意，常常采撷于自然。因此室内主题雕塑、主题艺术装
置，拼花纹理也源于大自然的启发与馈赠。在一楼入口大厅，大
型木质艺术装置艺术成为空间的视觉爆发点，模糊了时空，让整
个空间有张有弛且充满节奏的变化。

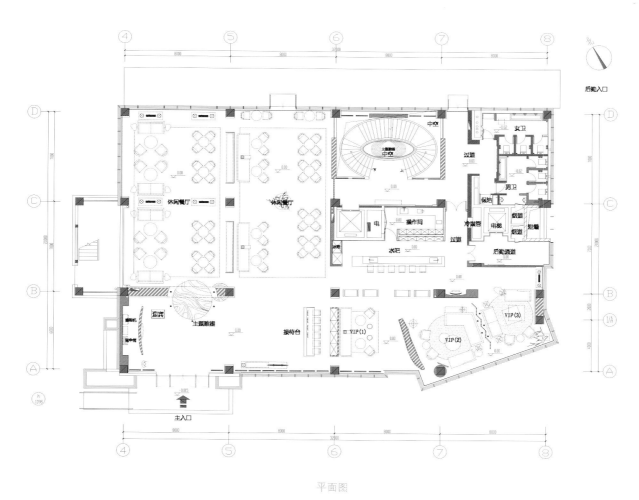

平面图

铜奖
Bronze award

嘉峪关市南湖
大厦酒店

项目地址：甘肃省嘉峪关市
设计单位：北京丽贝亚建筑装饰工程有限公司
设计主创：刘旭东
设计团队：贾江、刘宏涛、焦庆夫

该项目位于甘肃省嘉峪关市，为大型酒店空间。嘉峪关是苍凉雄伟的万里长城的西端起点，其所在市土地辽阔，景观多变，恰似江南风光，又似五岭逶迤，赫然对峙，格外迷人，色彩斑斓，如诗如画。

历时溯源，千年遗风。穿越古老的驼铃声，从历史画卷中款款走来，古老的重镇，曾经风云变幻，那一个个鲜活的印记，都是华夏文明的缩影。

雄关漫道，驼铃悠然，看尽锦绣山河，感受这千年城关与大自然的珠联璧合，豪迈之情油然而生；仿佛置身于雄浑壮丽的画卷之中，远眺雪峰映明镜，聆听高山流清音；感受大漠浩渺无边、绵延起伏，不禁感叹大自然之伟大，造物者之神奇。

乘着清风，重游边关故地，体味雄关漫道的独特风情。恰逢盛宴，胜友如云，高朋满座，觥筹交错之间，宾主俱欢颜。

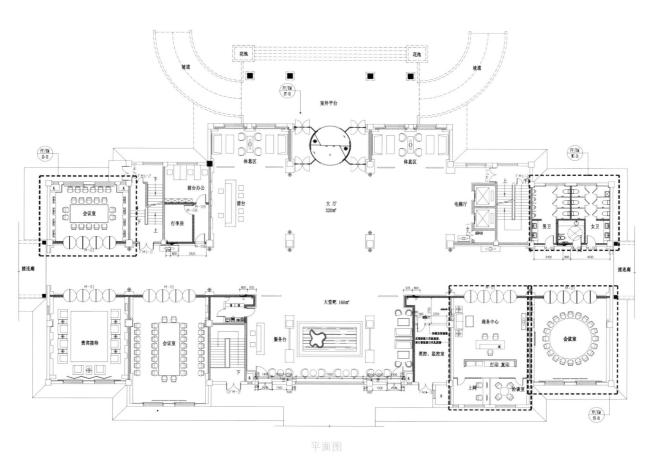

平面图

B铜奖
ronze award

宝柏精品酒店

项目地址：重庆大坪龙湖·时代天街4幢15层
设计单位：重庆市海纳装饰设计工程有限公司
设计主创：白荣果、魏婷
设计团队：张勇、王志杰
软装陈设：张翔翅、王秀娟
项目面积：2200平方米
主要材料：奥斯灰石材、老榆木、亚麻、做旧橡木

虽身处繁华的都市之中，却可游心于大自然之中，感受大自然的宁静、悠远，回味过往的快乐时光，了解城市的经典文化：宝柏精品酒店的设计创造出这些可能。

酒店的室内设计定位为"都市自然主义"风格，以"自然、经典、文艺"为核心的设计目标，全方位打造有重庆文化印迹的精品酒店：从空间结构、语言提炼、材质色调、灯光机电、平面导示等硬件设计方面到经营方式、文化植入等软件设计方面进行了整体的设计考量，对中小型重庆精品酒店进行了崭新的定义。

在项目具体的设计操作过程中，设计团队首先大刀阔斧地对空间结构进行了合理化的改造——拆除、加层、结构计算，把一个5.8米层高的空间分割成了两层空间。为满足建筑结构及消防规范的要求进行了艰苦的工作。在酒店门厅和通道端头保留了两层高的空间，既让重点空间开敞、大气，同时竖向上的联系又让空间趣味十足。5.8米高、3.6米面宽的跨层空间作为前厅，是酒店的重点空间，窄而高的空间特征则符合类似峡谷的重庆街景，前厅的两侧主墙面中一侧以黑钢加灰镜为主，取材于现代重庆高楼大厦的立面，另一侧老木拼板立面则是从老重庆的吊脚楼民居墙板中提炼出来的分割组合。木墙板映在灰镜中，新与旧就这么在空间中对抗着、交融着！在室内设计的形式语汇方面，设计团队并不想让它有特别明显的风格倾向，只强调点、线、面的现代构成关系，强调比例的优雅与舒展。

酒店的色彩以黄灰色搭配为主调，在不同的空间中辅以少量的绿、黄、蓝、红色，让色系既统一又有延展性。局部高纯度色彩的搭配让空间氛围符合各自的文化主题，撞色效果让空间尽显现代、时尚。

在酒店设计的文脉体现方面，除了酒店前厅来源与重庆新旧街景的构思，重庆地域文化中的"山""水""城""人"四个主题被演绎为酒店客房的四种主力房型，分别对应黄绿、黄蓝、黄灰、黄红四种色调，客房空间围绕这四个主题精心设计了不同的色调。家具、饰品、配画，甚至地毯图案，空间设计力求在打造自然、舒适的客房空间的同时，也让文化主题成为令人回味无穷的设计亮点。

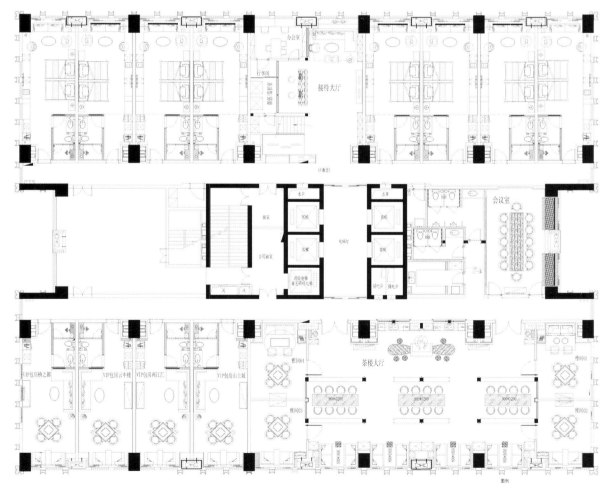

一层平面图

金奖
Gold award

印·记
——郑州万象城阿五美食

项目地址：河南省郑州市二七区民主路和解放路万象城
设计单位：蓝色设计
设计主创：乔飞、张振刚
设计团队：侯丽娟、徐砚斌、冯龙杰、李怡箖、杨献营、管商虎、
　　　　　谢迎东
设计时间：2013 年 9 月
竣工时间：2014 年 2 月
项目面积：1006.2 平方米
主要材料：石板、木材、钢板、泥草
摄　　影：乔飞、刘佳飞

该项目引入历史集市的概念，运用现代的手法，捕捉中原历史文化的独特魅力及艺术精髓，将古老的集市概念植入现代化的商场中，令空间就像是一座跨越时空的载体，演绎着往昔的繁华，也写入了设计师丰富的想象，带给宾客一场综合视觉与味蕾的享受体验。

该项目在装饰设计上相当注重空间氛围的营造。空间展现了设计师对集市的印象格局并大胆地贯穿。运用中国民居建筑技术方式，构建丰富的场景画面。当宾客从外部繁华的"大集市"步入"小集市"时，能够感受到内外环境的变化，以及强烈的亲切感、穿越感。沿着由深色石板铺贴的"街市"望去，清明上河图古集市装置清雅、丰富。设计师通过光效营造了幽静的小巷，而小巷与街市之间又有屏风环绕，犹如古树芬芳！空中悬吊的油纸伞，怀旧、斑斓。两侧的"铺子"古雅、厚重，酒肆、布坊、药铺、茶馆生意兴隆，街道上热闹非凡，看，一群风情万种的佳人正打着小伞朝这边走来，享受着阳光、微风，欢声笑语不绝于耳……酒肆的爷们在畅谈古今，好不自在，让人羡慕……

上百年来，爱情、友情、亲情、乡情在这里不断上演，感人至深，各种活动、格局影响着现代人，形成了灿烂的文化生活。设计师想展现的不仅是一个简单的商业空间，更是一个丰富的商业群落——集市！试想有这样一个公众平台构架，承载灿烂的生活。相信，它是一种平衡，是一种和谐，也是一种包容。

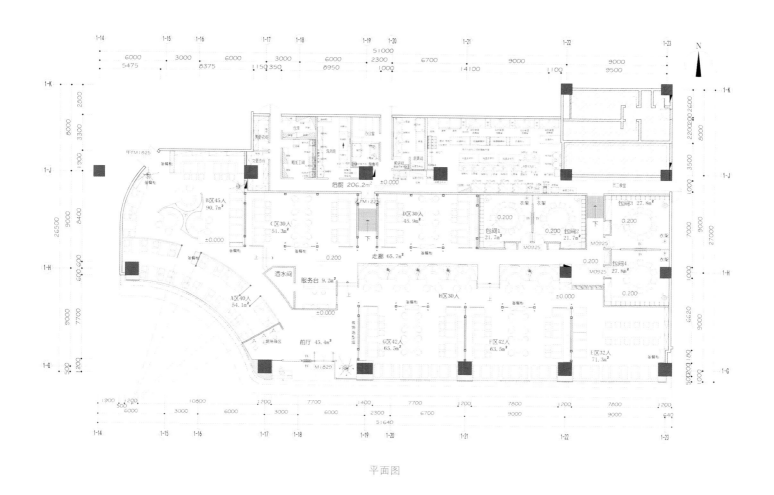

平面图

银奖
Silver award

"茶"室

设计单位：福州造美室内设计有限公司
设计主创：李建光、郑卫锋
设计团队：黄桥、陈名新

设计师以中国园林中的"移步换景"为设计理念，以体现自然美为主旨。在设计中，因地制宜地运用借景、对景、分景、隔景等手法组合空间。在都市中营造了人与自然和谐相处的茶室。

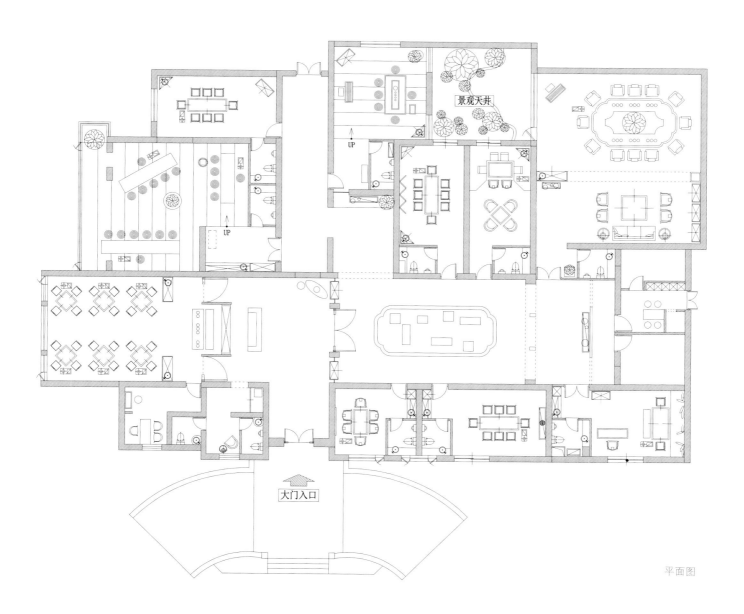

景观天井

UP

UP

大门入口

平面图

S 银奖
ilver award

云鼎汇砂丹尼斯
一天地店

项目地址：河南省郑州市 CBD 商务内环
设计单位：河南鼎合建筑装饰设计工程有限公司
设计主创：孙华锋
设计团队：胡杰、赵彬彬、麻美茜
设计时间：2014 年 4 月
竣工时间：2014 年 7 月
项目面积：280 平方米
主要材料：做旧木板、钢筋、自喷漆、地板砖、酒瓶

"云鼎汇砂"是连锁餐饮品牌，由几个年轻人共同创立。店虽小，但业主非常有诚意。所以在 2013 年，我们设计了一期的几个店，市场反应很好。今年的二期店，我们希望在彰显品牌价值的同时提高云鼎汇砂的辨识度，加之业主希望以有限的投资形成良好的效果。所以降低造价和锐意创新成为设计工作的重点。

云鼎汇砂大多是供家庭用餐或朋友小聚，设计理念既不可太超前又不可过于传统，所以我们从日常生活入手，找到了一些灵感，确定了设计理念：用常见的普通材料做装饰，引发人们对时光的眷恋之情。

现代的室内空间，在经历所谓奢华、简约的欧陆风情之后，回归令人亲近的亲切与质朴，这才是人们真正想去的地方。以最普通的材料、最简洁的手法、最有效的布局更好地服务于顾客、服务于经营。采用钢筋打造"雨后的彩虹"，但在钢筋、砖瓦之中，每个店又有主题各异的、反映城市变迁的照片和绘画穿插其中，希望顾客在就餐之余有所触动。酒瓶和灯光的结合既美观又区隔了空间。美食、体验、怀想、思索……留给顾客的不仅仅是食物！

平面图

B 铜奖
ronze award

凹凸餐吧

项目地址：广东省广州市番禺迎宾1号
设计单位：广州市锐意设计有限公司
设计主创：黄永才
设计团队：王文杰、王艳玲
竣工时间：2013年12月
项目面积：900平方米
主要材料：耐候钢、松木板、环氧树脂水泥板、麻绳、灰麻石、
　　　　　肌理玻璃、山水纹透光石
摄　影：黄永才

在城市化进程逐步加快的当下，对工业文明的代表性建筑的保护力度不够，一些工业遗产遭受遗弃或拆毁，使工业文明初期的见证从人们的视线里消失。这些工业肌理见证了大变革时期的社会日常生活，记录了城市的发展历程，成为社会认同感和归属感形成的基础。

凹凸餐吧以后工业景观贯穿整个设计——"立"于阵列松木屏风，"破"于对角线的吧台。空间设计以锈蚀钢板的粗犷、废弃的碎木自然肌理重拾工业文明的记忆碎片。阵列的竖向松木条倒映在环氧树脂水泥板地面上。虚化了过于低沉的原有建筑天花板并强调了竖向阵列的通透性与私密性。吧台顶的竖向条形肌理玻璃给空间"罩"上了一些颇有玩味的模糊与暧昧，同时也弱化了耐候钢的笨重。

凹凸餐吧在空间布局上最大限度地调和与交互交通流线的"动"与"静"。蜿蜒流淌的"梯田"卡座平面规划，在确保空间私密性的同时使视线极具穿透力。吧台在整个平面上以"对角线"布置，最大限度地体现吧台的横跨面进深，横跨对角线的吧台与阵列的竖向松木板形成"纵横对话"，两者间的交通动线诠释了动与静、交互与叠加的关系。

凹凸餐吧在选材上使用了在氧化过程中不断变化且"有生命"的耐候钢、被废弃的碎木，以及具有自然肌理的麻石等再生环保材料。

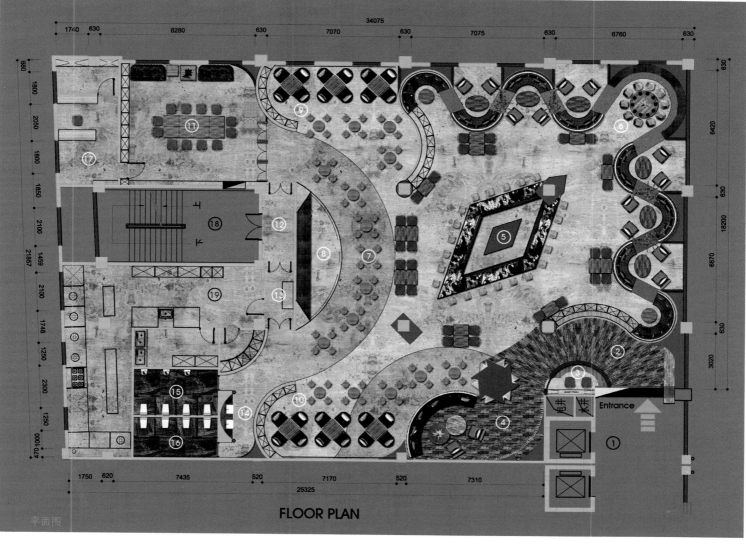

FLOOR PLAN

平面图

B铜奖
ronze award

禧湘遇餐厅

项目地址：湖南省长沙市
设计单位：上海亿端室内设计有限公司
设计主创：徐旭俊
设计团队：吴耀武、李坤刚
设计时间：2014 年 5 月
竣工时间：2014 年 7 月
项目面积：500 平方米
主要材料：旧木板、生锈钢板、方钢、钢丝网、青花瓷马赛克、
素水泥
摄　　影：崔晓佩

禧湘遇餐厅的设计灵感来源于湘文化的吊脚楼，演绎装置艺术般的时尚餐饮空间。将"敢为人先、于斯为盛"的湖南精神巧妙地运用到空间布局和就餐氛围中，采用下沉和抬高的表现手法，使空间层次错落有序，给人留下湖南本土吊脚楼的建筑印象。

绿色环保型——为了以最少的价格达到最佳的效果，设计师别出心裁，在材料应用方面提倡绿色、低碳以及可持续发展，响应全球化对环境保护的号召，表现了设计师强烈的历史使命感。

原创趣味性——空间设计强烈的高低错落感给人以强烈的震撼力和视觉冲击力。设计师注重研究平面、立体、色彩三大构成在空间中的协调统一性。家具选择注重实用性、个性原创性、美观趣味性。灯光设计倾向于营造高雅、自然的格调。

文化艺术性——打破"车排式"的传统布局，以围合式的吊脚楼、时尚的装置艺术以及混搭的装饰风格展现现代的湘湖文化精神，使其具有浓郁的时代精神，彰显湖南文化气息和历史底蕴，让当地的食客甚至全国各地的食客在此感受到这是时尚的湘菜文化餐厅。

人性化——从主入口到整个空间过道动线的合理布局，再到水景、花景、干景和石景等景观的点缀。仿佛在以浪漫、优雅的情怀演绎着一段人与自然和谐相处的动人故事。

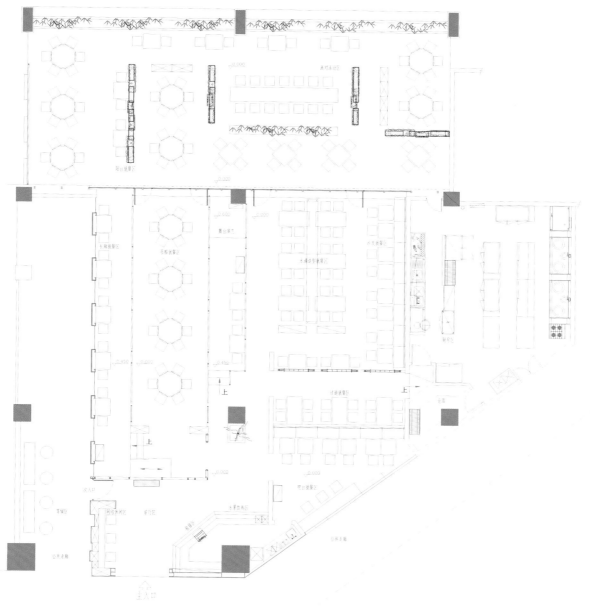

平面图

B铜奖
ronze award

NIMO 西餐厅

项目地址：浙江省杭州市城西银泰城 1 楼
设计单位：杭州大麦室内设计有限公司
设计主创：吕靖
设计团队：王立恒
竣工时间：2013 年 11 月
主要材料：钢管，艺术涂料
摄　　影：林峰

该项目是位于杭州城西银泰城的一家 400 多平方米的现代时尚意大利餐厅，其消费人群为中高档消费的年轻白领，力求个性鲜明突出，达到引人注目、休闲舒适的最佳效果。

餐厅分为两大区块，北面为敞开式厨房及部分就餐位，主题体现在南侧。整个设计主题由海洋演变而来，以灰色为主题色，以蓝色点缀。由于主体空间偏狭长且层高较高，设计师从中轴线将狭长的空间切割成两个对称的体块。餐厅以酒水吧台为正中心形成一个完整的主体，酒水台正对小空间聚会区，分割了整个空间。由于空间狭长且偏高，以两个巨型台灯及其两侧树的延伸造型拉近层高，使空间饱满且不易被一眼望穿。

餐厅入口用曲线金属帘子划分出一个玄关，让客人有个缓冲的空间。进入餐厅，整个黑灰色调让白色的就餐位尤为突出。大树与台灯让客人有种树下就餐的轻松与惬意。酒水吧台背景格子艺术墙若隐若现的水母呼应着聚会区中硕大的水母。聚会区以 BOX 形式呈现，吊顶与整个餐厅吊顶相差 70 厘米，使空间富有层次，墙面采用低造价的玻璃灯箱，水母图案若隐若现，让整个空间生动起来，台灯则以投影形式呈现，可以播放多种视频。通往北面厨房的墙面上，由青苔点缀的绿色让客人的心情放松了许多，并且做了敞开式厨房区的延伸。

敞开式厨房就餐区墙面延伸了青苔墙面，大面积的银镜墙面拉伸了狭窄的就餐空间，让空间看起来不再单调、封闭。

设计师运用光、影以及配景、植物等表现手法，营造了空间的温馨与浪漫，让客人在就餐时充分享受美味所带来的生活情趣。

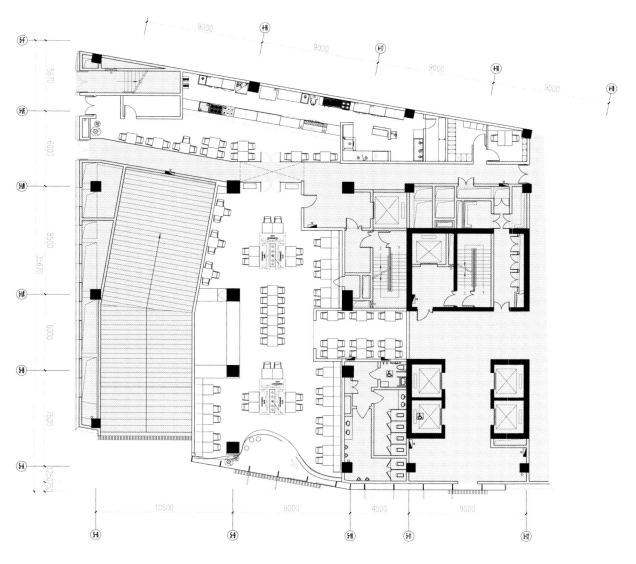

平面图

S 银奖
ilver award

梵一本舍瑜伽
体验馆

项目地址：河南省三门峡市
设计单位：河南大星建筑装饰工程有限公司
设计主创：李君岩、涂真伟
设计团队：史敬霞、寿丹、刘婷、李双
设计时间：2014年2月
竣工时间：2014年6月
项目面积：500平方米
主要材料：落叶松、钢管
摄　　影：李君岩

该项目力图打造一个心灵体验空间，改变以往人们对瑜伽的看法，体验瑜伽带来的一种修心的哲学思境。

纷扰的街道边开着各种商铺，在这之间还有一片净土。从外观上看，这是一片由锈钢管组成的森林。以个体的无数重复表达一种归一，像极了我们所需要的一种状态——简单。体验馆分上、下两层，一层以基础教学为主，部分区域设置了夹层，以完善馆内功能。二层以高温教室为主。

步入大门的一瞬间，嘈杂消退了，取而代之的是安静。在纯洁的空间里，倾斜的木质服务台正对着入口，使每一位客人都感到被欢迎而顿生亲切之感，仿佛一棵棵很突兀的树，为后面森林的展现做好铺垫。背景墙上的小黑板讲述着每一天馆里发生的故事。采用特殊的横条洞口处理，透过它像取景框一样看到其后的"森林"，看到里面的人和事。

经过"森林"，手扶麻绳缠绕的栏杆，可以感受到平时难得感受到的粗糙。慢慢走上二层会看见犹如小岛一般的空间，这是馆里最圣洁的地方——冥想室，只有馆长与少数学员才能进入，一个沉淀心灵的地方。它的周围是白色的墙，被细腻、柔软的水环绕着，穿过木窗格，轻纱滑落，清香袅袅，感受这一切的不再是我们的肉体而是我们的灵魂，它引导我们找到自己的心，缩小自己与心的距离，轻仰向上，反拱形的天花板牵引向上，让人的内心更加升华。

希望在这样的空间，每个人都能找到自己的初心，找到与人相处的距离。在生活中，距离没有了，处处是森林。

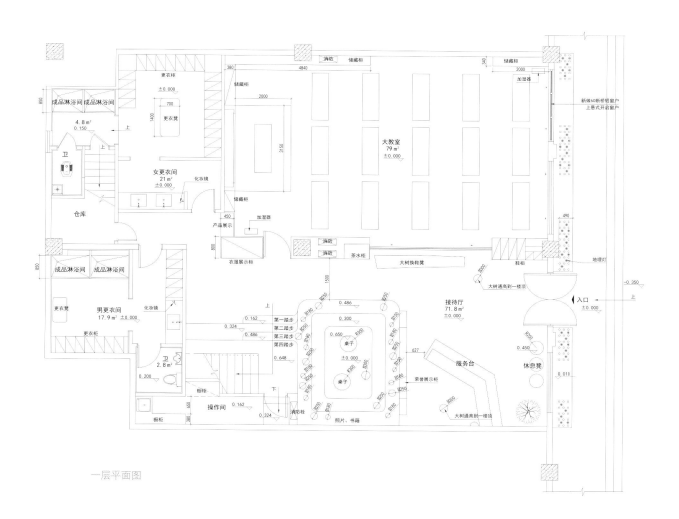

一层平面图

B铜奖
ronze award

得康会所

项目地址：广东省广州市白云区黄石西路马务村尚佳广场 2 楼
设计单位：广州市锐意设计有限公司
设计主创：黄永才
设计团队：王艳玲、王文杰
竣工时间：2013 年 10 月
项目面积：2000 平方米
主要材料：大理石、压纹不锈钢、拉丝不锈钢、黑镜、木饰面板、
　　　　　墙布、涂料．
摄　　影：Liky

该会所坐落在广州尚佳广场二楼的一个休闲娱乐商业项目内，
经营面积 2000 平方米，主要消费群体是城市工薪阶层，供之娱
乐聚会。

会所的设计理念以"城市景观"为基本线索，以解构中国唐代青
绿山水画为基本出发点，以独特的视角针对现代都市生活诉求作
出了回应。

因会所位于尚佳广场二楼，在电梯间到接待大堂平面布局上，人
流动线是本案的基本介入点。曲折蜿蜒的人流动线，宛如中国画
中白云萦绕的深山幽谷，行人游赏，穿行其间。立面上的三角切
割面各具形态，无不增添了行人从一层到二层的乐趣。接待大堂
到自助餐厅的空间动线动静结合。接待大堂分别在两处入口以及
自助餐厅入口放置了三棵鸦青的枯树。古语云：山水以树始，即
树是一幅山水画的开始，统领着整幅画的创作。同样，枯树也对
接待大堂起到了抽象标示的作用。解构的三角形碎片，纵横交错
的体块穿插，渗透、叠加，宛如中国画的皴法，全用斧劈，笔法
苍老，劲利方硬，笔墨诉诸形体，体现"山石树木"之意趣。在
立面的物料、色彩方面采用朴素、清逸的调性，立意于唐代青绿
山水画，在沉稳的驼色中凸显家具配饰的胭脂红与鸦青的对比，
彰显其尊贵的气质。

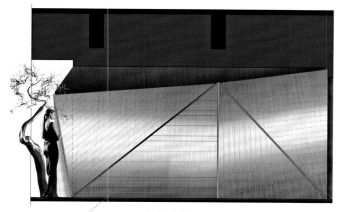

大堂过道立面图 1

(餐厅)

大堂过道立面图 2

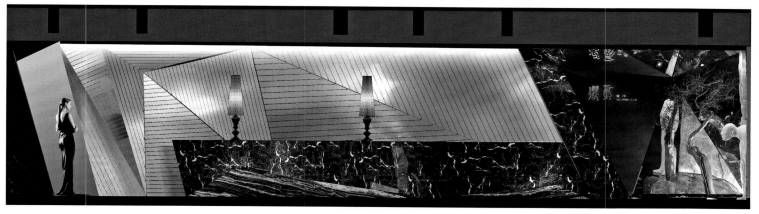

大堂立面图

01: 大堂
02: 接待区
03: 电梯
04: 接待
05: 自助餐厅
06: 杂物室
07: 办公室
08: 经理室
09: 棋牌室
24- VIP棋牌室
26- 经理室
47: 淋浴
48- 足疗室
74: 厨房
75: 总电房
76: 药剂室
77: 卫生间
78: 男卫生间
79: 女卫生间
80: 员工休息室

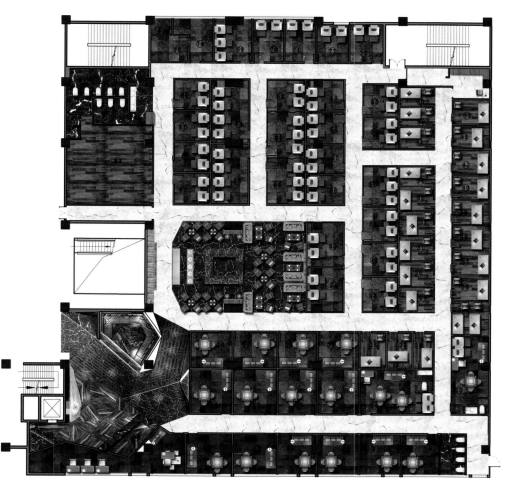

二层平面图

B铜奖
ronze award

皇朝休闲足道

项目地址：江苏省南通市海安县
设计单位：苏州市巫小伟装饰设计有限公司
设计主创：张继红
户型结构：大型会所
项目面积：1200平方米
摄　　影：金啸文空间摄影

现代人生活节奏快，缺乏一种"停下来"的姿态。该项目为新中式设计风格。在空间设计、材料与色彩运用及家具装饰品陈设方面，对传统文化符号进行再创造，使之融入空间，古色古香，简约时尚，没有喧嚣与繁杂，一派宁静、悠远。

空间设计融入现代设计语汇，同时为现代空间注入凝练、唯美的中国古典情韵。很多定制陶罐、铁艺构件使这个普通的空间彰显出不平凡的一面。墙面上的人物线描是设计师亲自手绘的，楼梯墙面上荷花与鱼的动与墙面上文字的静相结合，营造了静谧、休闲的氛围，与足道这一主题融合得恰到好处，相得益彰，极具艺术效果。以中式元素营造丰富多变的空间，达到步移景异、小中见大的设计效果。一个好的设计，是物质与精神的融合，是共性与个性的共存。设计师用简洁、有序的外显特征塑造了宁静、致远的空间灵魂，回应了现代生活的功能需求；丰富、深邃的内涵感悟满足了现代人的精神需求。正如墨西哥设计师路易斯·巴拉干所说："没有实现宁静的建筑师，在他精神层次的创造中是失败的。现在的建筑物不仅缺乏静谧、静默、亲切和惊奇这类概念，连美丽、灵感、魔力、魅力、神奇这类词汇也消失了，而所有这些才是我心灵的渴求。"

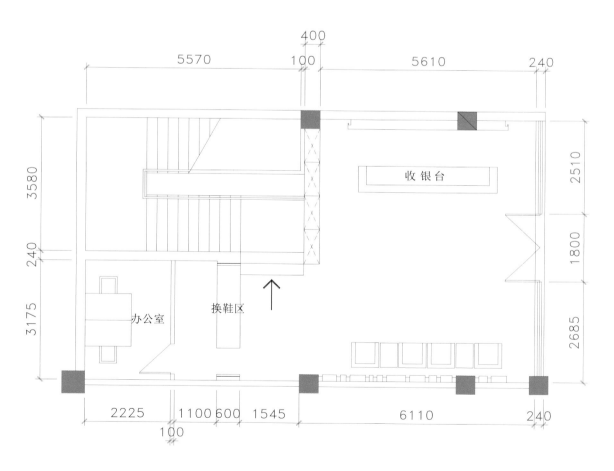

收银台

2510

1800

2685

3580

240

3175

办公室

换鞋区

400

5570

100

5610

240

2225

1100 600

1545

6110

240

100

一层平面图

金奖
Gold award

芝度法式烘焙坊
（建政店）

项目地址：广西壮族自治区南宁市青秀区建政路 12—2
设计单位：徐代恒设计事务所
设计主创：徐代恒
设计团队：周晓薇、吴青青、黄仲谋
设计时间：2014 年 02 月
开放时间：2014 年 05 月
项目面积：70 平方米
主要材料：黑铁、钢化玻璃、乌斑木饰面、白色乳胶漆

在色彩斑斓、造型各异的成排商铺中，黑白色调、造型极简的门头特别容易引起路人的关注。

设计师以 LOFT 风格为主打，在闹市中打造了一处回归自然，宁静悠远的宜人之所。在狭长的空间中，既要满足货品的摆放又要保留足够的活动空间供顾客走动，并非易事。因此，设计师巧妙地利用了"少则得，多则惑"的风格特点，回归本真。

空间地面采用了裸露的混凝土材质，与白墙的搭配不会让人感到简陋，反而散发出静寂的时光味道。乐于创新的设计师此次把壁灯和货架组合到一起，很好地利用了有限的空间，使其兼具照明功能与放置功能，并使整体效果事半功倍。店铺尽头处是休息区和裱花间，原木墙极佳地体现了法式面包的简单、自然，而一旁的蓝色玻璃则给裱花间蒙上了一层神秘的面纱，需要凑近才能看清，起到了加大空间景深的作用，让顾客从橱窗外望进来，有种想要进来一探究竟的欲望，同时蓝色也是芝度的主题色。

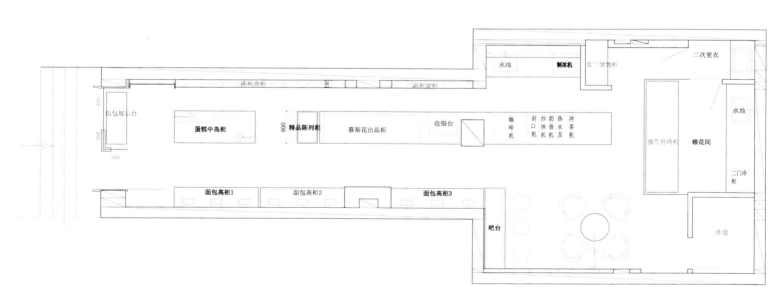

平面图

S 银奖
ilver award

阳光马德里示范单元 D4 户型

项目地址：广东省阳江市
设计单位：5+2 设计（柏舍励创专属机构）
竣工时间：2014 年 7 月
项目面积：约 85 平方米
主要材料：白色石材、黑色石材、白色肌理墙纸、白色钢琴漆、
　　　　　米色地毯、湖蓝色玻璃、黑镜钢

时间悄悄地把"80 后"的这代人推到了而立之年。专属"80 后"的标签从感性、热血、执着渐渐地演变成了理性、自由与平衡，如今面对生活和工作，不再盲目，开始享受时光带给自己的美好，就如同沙上有印、风中有音、光中有影。

设计师将空间主题定位在"服装设计师之家"，不断地在"跨界"中徘徊，揣摩一位"80 后"服装设计师的内心追求与向往。空间设计以利落的线条、极简的风格为主，以工作和生活的平衡点作为切入点。

空间设计将客厅和餐厅融为一体，强调室内的空间感，白色系的餐桌与地板保持了客厅与餐厅之间的连贯性。设计师在满足生活和工作的双重需求的基础上，注重空间的灵活性和多元性，工作室和卧室被别出心裁地合二为一，二者若即若离又相通相融。客卧与工作室增设隐藏式门，令居室结构更简洁。在整体装饰上，硬朗与圆润的线条相融合，摆放的每一件家具、灯具和艺术品都紧扣主题且恰如其分地融入空间的小环境。每一处都好像在与纽扣、布料对话，似乎一针一线之中就能够实现完美的平衡，给人以平静而温暖的感觉，提升了空间的设计感和品质。色彩方面，设计师以象征智慧与理想的湖蓝色为主调，给人以素净而理性的感觉，同时与白色相搭配，使空间明朗、清爽。

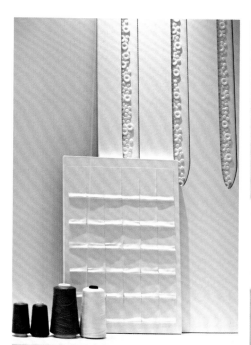

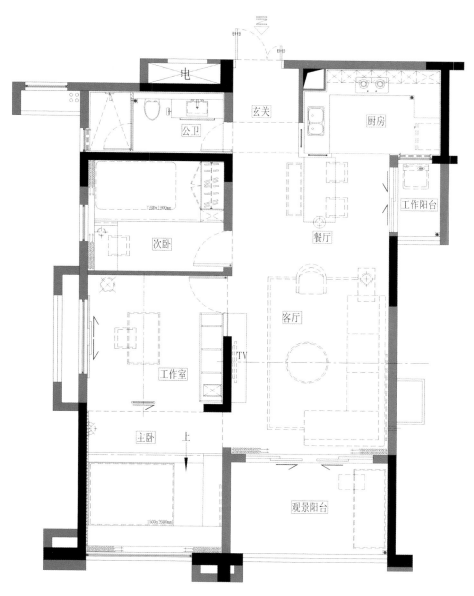

平面图

银奖
Silver award

汉诺威样衣厅

设计单位：泛文中国设计机构
设计主创：蒋华健
竣工日期：2014 年 3 月
项目面积：650 平方米
主要材料：清水泥墙面、白洞石、玫瑰金板材、镀锌烤漆管、
美国白蜡木、环氧水泥地面

"汉诺威"是一家专注高档男女皮衣的高端成熟品牌公司。项目的目标是将原空间规划为样衣展示厅。原有空间为有隔断的皮料仓库，设计师将整个空间划分为三个不同的区域，分别为男时装区、男装休闲区和男装商务区。在各个区域还设立 VIP 专区，用于商务洽谈、休闲与私人定制服务。设计师希望通过这种空间布局给人们带来视觉上的延伸和冲击。

展示空间被一个异形五边形切割开来，个性化的五边形架构、吊顶以及错位排列的立柜相互穿插，形成一个有机的整体，看上去又不显得凌乱。

与异形五边形架构紧邻的空间，作为一个独立的男时装区，通过墙画设计与钢管挂衣架造型形成对比，彰显出设计的时尚。男装休闲区采用了异形三角形与大体积的穿插设计，彰显出设计的典雅与高贵。男装商务区的设计，通过由点、线、面构成的玫瑰金挂衣架、异形挂衣柜、中岛和有如金字塔状排列的洞石墙面形成搭配和对比，在原有时尚的基础上更彰显出商务系列的品质。

在材料选择方面，设计师更加注重环保与再生资源利用，让空间变得有机而明快。围绕着展厅四周的立柜和衣架以灵动的曲线造型融入了时尚与流行的元素。灯光、原木、素水泥和洞石等环保自然材料的组合更好地平衡了软、硬材料的反差，黑暗和明亮区域的对比使空间更具活力和生命力。

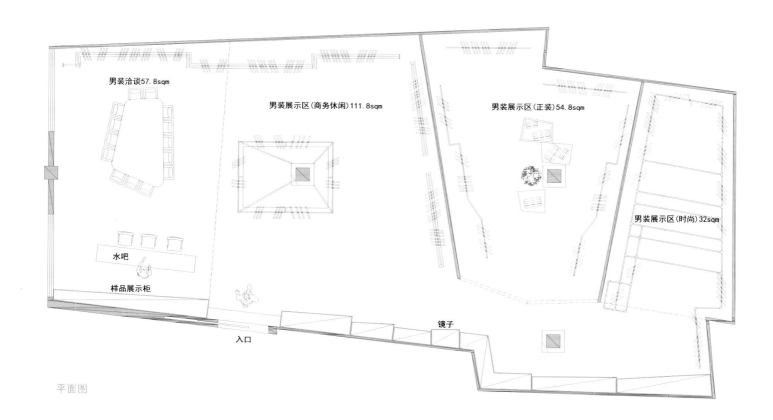

男装洽谈57.8sqm

男装展示区(商务休闲)111.8sqm

男装展示区(正装)54.8sqm

男装展示区(时尚)32sqm

水吧

样品展示柜

镜子

入口

平面图

B 铜奖
Bronze award

北欧知识城 3G
创意园展示中心

设计单位：四川中英致造设计事务所
设计主创：赵绯、龚骞
设计时间：2012 年 10 月
开放时间：2013 年 10 月
项目面积：约 1800 平方米

木质是北欧设计永恒的主题。无论是原木还是复合木，它们都展现出优美的曲线与顺畅的弧度，不但让人感受到大自然无与伦比的美妙，而且让人尽享恰到好处的惬意。

这些闪亮的元素结合水滴形的建筑外形。大面积铺贴木板的顶面墙面体现了北欧生态，拼接的弧形转折展现了特色生产工艺，纵横交错的线条表现了地理面貌。直线与弧形的交相辉映带来了和谐与包容。空间中这些强有力的元素好像乐曲的旋律时而宏大，时而低回，给人以无限的想象。

在有限的空间里，通过布局、色彩、造型、照明、设备等，"北欧精神"带给我们各种思想碰撞：普世价值，热爱自然，热情多彩，沉静好思。无处不在的家庭观……北欧风格的设计思想在这里融入本源的根基，探讨北欧社会形态成就的本质。这就像一曲简短的交响乐。在有限的时空中唤起受众的向往和共鸣。

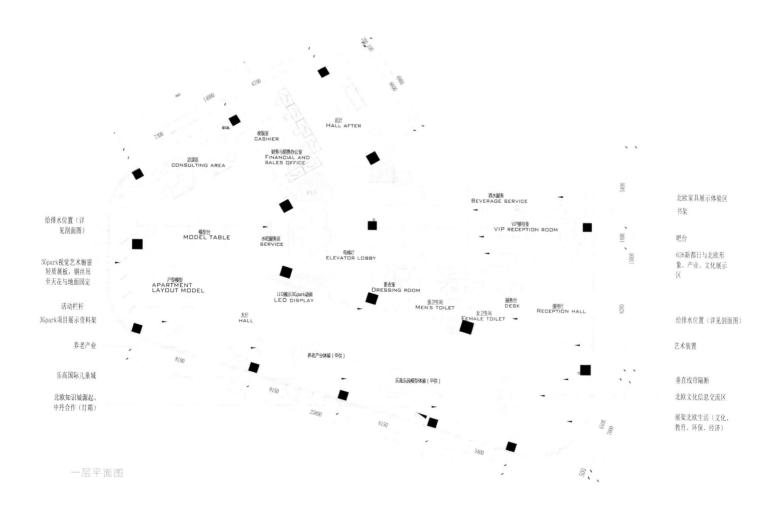

给排水位置（详见剖面图）

3Gpark视觉艺术橱窗轻质展板，钢丝吊至天花与地面固定

活动栏杆
3Gpark项目展示资料架

养老产业

乐高国际儿童城

北欧知识城源起、中丹合作（灯箱）

后厅
HALL AFTER

收银室
CASHIER

咨询区
CONSULTING AREA

财务与销售办公室
FINANCIAL AND SALES OFFICE

模型台
MODEL TABLE

水吧服务区
SERVICE

户型模型
APARTMENT LAYOUT MODEL

LED展示3Gpark动画
LED DISPLAY

大厅
HALL

养老产业体验（甲供）

乐高乐园模型体验（甲供）

电梯厅
ELEVATOR LOBBY

更衣室
DRESSING ROOM

男卫生间
MEN'S TOILET

女卫生间
FEMALE TOILET

服务台
DESK

接待厅
RECEPTION HALL

洒水服务
BEVERAGE SERVICE

VIP接待室
VIP RECEPTION ROOM

北欧家具展示体验区

书架

吧台

626薪都日与北欧形象、产业、文化展示区

给排水位置（详见剖面图）

艺术装置

垂直线帘隔断

北欧文化信息交流区

展架北欧生活（文化、教育、环保、经济）

一层平面图

B铜奖
ronze award

玖如堂
C2 样板房

项目地址：云南省昆明市
设计单位：本则创意（柏舍励创专属机构）
竣工时间：2014 年 8 月
项目面积：约 180 平方米
主要材料：木地板、夹丝玻璃、不锈钢、卡布奇诺石、雅典灰石

设计师以"禅意"的手法打造了风格清雅、素净的空间。米白色的布艺、深褐色的实木家具以及大量的木饰面营造了"物我融合"的氛围。

圣·奥古斯丁说："美是各部分的适当比例，再加上一种悦目的颜色。"在空间比例方面，设计师从对称与均衡的角度进行构思，在一定程度上，反映了处世哲学与中庸之道。明朗的线条让人倍感舒畅，线条简单而不显压抑。采用原木格调的家具和家饰，处处散发着大自然的气息，也秉承了环保的理念。色彩是空间的情怀，设计师以"纯"为基调，无论是墙面、地面还是装饰摆件，都展示了单一的色调所带来的简约、流畅。在与空间和材料的配合方面，木饰面的暖色调减弱了空间的空旷感，在不经意间流露出古朴的美。

该项目既有现代陈列艺术的"芳草萋萋"，又有中式元素的"温文尔雅"，让我们在感受现代简约抽象之美的同时，又能体悟清雅节制、深邃禅意的境界。

一层平面图

B铜奖
ronze award

长沙东怡"外国"销售中心

项目地址：湖南省长沙市天心区南湖路
设计单位：广州华地组环境艺术设计有限公司
设计主创：曾秋荣、曾冬荣
设计团队：张伯栋
设计时间：2013 年 11 月
开放时间：2014 年 1 月
项目面积：2470 平方米
备　　注：该项目位于楼盘项目的裙楼（4、5 层），系室内改造项目

设计力求追求与大自然对话，彰显大自然的力量，确立人与自然和谐共处的"天人合一"的理念。运用中国传统建筑中的庭院概念，使中庭空间相互穿插交错，富有流动性。

通透的空间充分满足了人文艺术交流的现实需求。设计布局精妙地构建了"阳光中庭"，形成了一个充满阳光与活力且富有人情味儿的休憩、观赏和交往的共享空间。

现代、简约的立面材料使人在现代都市生活的繁重、束缚之下获得一种回归本真的轻松和闲适。

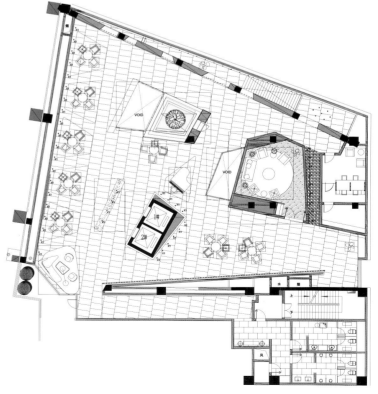

四层平面图

五层平面图

G 金奖
old award

一行一世界
一静一禅心

项目地址：福建省福州市海峡创意产业园
设计单位：中国无印良品空间设计事务所
设计主创：陈绍良
设计时间：2013 年 8 月
开放时间：2014 年 1 月
项目面积：680 平方米
主要材料：黑胡桃木塑格栅、灰色硅藻泥、黑镜、素色水泥自流平透明地坪漆、钢化玻璃、黑钛不锈钢
摄　　影：施凯

初入玄关，一目了然的中式意境就让人颇为惊喜。在大片的黑白之间，几簇新绿带来了清新之感。开放式的空间中，方正的格局、四平八稳的圈椅、简约凝练的线条等，这些横平竖直的元素在不自觉间散发出中式风格特有的沉稳和泰然。设计师通过块面的结构和传统的文化元素，将实用的部件化为空间的装饰，将细节有机结合，带来宏大的气场。空间中没有过多繁缛的装饰，看上去简简单单。寥寥可数的布置不仅符合"留白"式的东方审美，还透出几许深远的意蕴。

"坐亦禅，行亦禅，一花一世界，一叶一如来。"从等待区开始，这句耳熟能详的禅语便得到了完美的诠释。在未熟悉地形之前，想要进入主体办公区也不是一件简单的事。看似通透、近在咫尺的区域，却大有一番玄机。接待台的左右两侧皆是可透视的隔栅，呈严谨的对称式布局，中间则是圆形的镜面挖空。圆形的挖空通过穿透的空间成为大自然的景框，让观看者将目光穿透至最里层的墙面上，古典园林的造景方式在钢筋、水泥筑建的办公室中妙笔生花。

结束一番惊叹，推开侧边形成栅格的旋转门才算是真正进入办公区域。整个办公室拥有诸多区域，风格上的求同存异则是设计的一大巧思。光影旖旎，更是别具一格。大面积的黑白对比，直接而不失委婉，简单而不减浓郁。高纯度的色彩带来最强烈、最有生气的视觉冲击。形态不一的栅格将室内空间一分为二。通过灯光的映射，消除了冷色调的沉重。光斑辉映下，倒有了一室东方的神秘。一面是现代简约的工作台面，一面是古风犹存、气息淡然的空间布局，多面性的办公空间让人惊喜连连。延续古色古香之意，木质镂空的旋转门在开合之间制造空间的变化。巧妙的设计透出对中国文化底蕴的追寻。

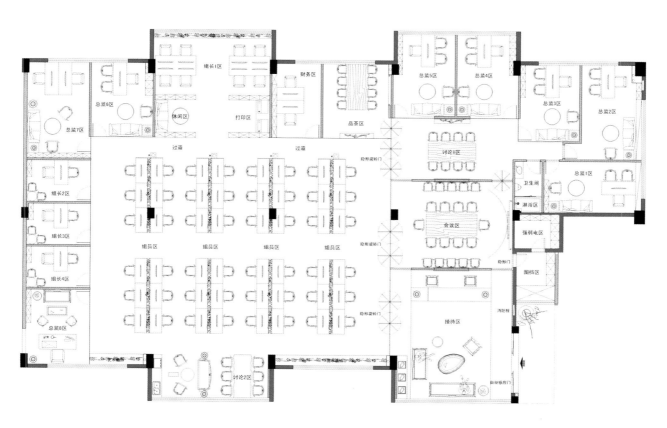

办公室总平面图

银奖
Silver award

青岛产业园
行政办公室

项目地址：山东省青岛市南区银川西路 69 号
设计单位：苏州金螳螂建筑装饰工程有限公司
设计主创：孙艳
项目面积：700 平方米
主要材料：编织地材、生态木格栅、成品织物吸音板、
　　　　　氟碳漆饰面

设计师希望通过合理的平面功能，选择适宜且环保的材料，并借
助灯光的魅力，打造清新、高雅的办公环境。这样的环境能使身
在其中的人心生平静，更容易头脑清醒地思考，高效地工作。

门厅更强调光影的节奏。接待台以倾斜面及加长的尺度进行设计。
公司名称以浮雕的形式隐藏在接待台的立面灯槽内。背景 LED 演
示屏则为空间提供了更为灵活及生动的宣传印象。透过清透的玻
璃可以看到接待室和会议室的景象。

该项目作为行政办公室，共有两个门禁入口，一个直通总经办及
会议室，另外一个作为普通员工的入口。内部另有一条走廊联系
贯通。茶水休息区不仅作为联系两个区块的纽带空间，更为员工
提供了一个内部交流、沟通的休闲区域。

开敞的办公区最大限度地布置了办公桌位，以便满足公司未来几
年的人员扩充需求。在地面材料的铺装肌理和天花板格栅的走向
方面，做了 45°角的扭转，借以打破过于方正的空间布局。整体
色调干净、清爽，家具以白色系为主，只在天花板及部分家具上
选择了木色，带给人更加亲切的空间感受。

与开敞区不同，封闭式办公室选择了重色系的编织地材，这种可
以回收的环保材料在灯光的映衬下彰显出丰富的肌理质感。

窗外的远山，比任何装饰品都更能赋予室内空间以美感，因此即
使是在总经理办公室，同样没有多余的造型装饰，甚至没有天花
板吊灯。所有光源恰到好处地照亮局部，落地灯的反射光柔化了
室内空间的光环境。

平面图

S银奖
ilver award

海纳天成

项目地址：福建省福州市晋安区秀峰路
设计单位：福州世纪唐玛设计顾问有限公司
设计主创：施旭东
设计时间：2014 年 1 月
开放时间：2014 年 7 月
项目面积：2000 平方米
主要材料：麦秸板、玻璃、灰色仿古砖、蒙托漆、墙纸、大理石
摄　　影：黄访纹

所有的创意，都是从一张白纸开始。因此折纸艺术便成为空间设计的思考元素。设计师以白色为基底色，融入折纸艺术的创意元素，以墙为纸，将空间立体化，给巨大的办公室空间带来开放、自由的感觉。

抢眼的折纸天花板，由木板条拼成三角形的单元体，通过重复构成的方式覆盖在原有的天花板上，打破了"盒子"般的空间结构。以人为主体，这是设计师赋予办公区域也是其所要承载的空间设计理念。

纯白色的楼梯，切割重组的块面扶手，将抽象的空间格调演绎得淋漓尽致。白色的灯光透过如烟雾般的纱幔，折射出水墨画般的意境。直线与曲线的巧妙结合，阐述了当代解构主义的思想主旨；真实与虚幻的相辅相成，诠释了优雅的东方气质。

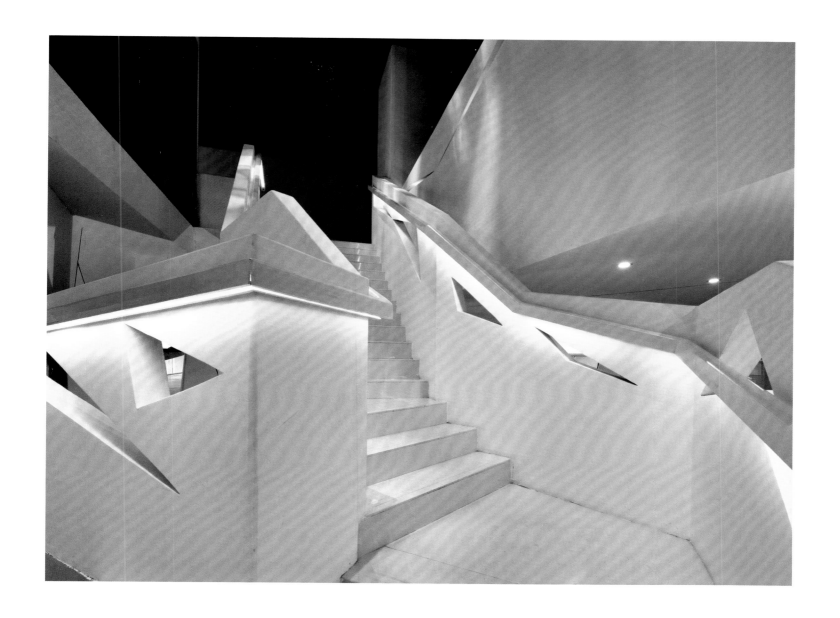

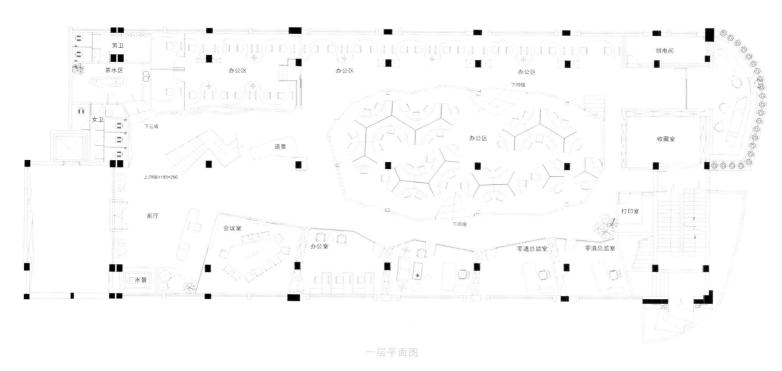

一层平面图

B铜奖
ronze award

天源玉器资产管理有限公司

设计单位：佛山市城饰室内设计有限公司
设计主创：黎广浓、唐列平
设计团队：霍志标、杨仕威

该项目位于玉器名城——佛山平洲，设计师试图在不破坏原建筑外部结构的前提下，营造一个极具东方韵味的办公场所。"器"，形而上者谓之道，形而下者谓之器。这是设计师的灵感之源。不管以哪个轴线为中心，无不凸显出对称之美。故而，讲求有形于无形中的对称性是设计师的核心思想。

不同材质的穿插变换增加了空间的穿透感与趣味。层叠交错的原木隔断虚实有度。既保证了室内动线的自由顺畅，又兼顾了功能分割的互不干扰，增添了空间的节奏韵律。通过巧妙的空间划分，采光设计在保持建筑原有自然光照的同时，与间接照明相结合，光影交错，虚实对话，化有形于无形之间，呈现出明暗交错的空间层次，亦使室内环境界限模糊，和谐交融。

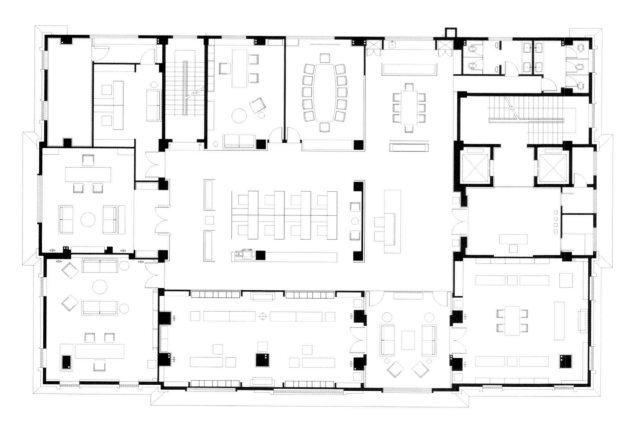

平面图

B 铜奖
ronze award

北京中关村东升科技园创新中心公共空间

项目地址：北京市中关村东升科技园区
设计单位：北京清石建筑设计咨询有限公司
设计主创：李怡明、吕翔
设计团队：时超非、侯立岩、贾文博
竣工时间：2014 年 4 月
项目面积：15 000 平方米
主要材料：清水混凝土涂料、毛面中国黑花岗岩、木质穿孔板、
　　　　　佛甲草

该创新中心本身就是一个充满想象及挑战的场所。由于项目的开间、进深都很大，为了使建筑内部的办公空间也能有一些采光，建筑师在建筑内部打造了一个 U 形的采光中庭。由于甲方要求建筑面积最大化，这个采光中庭宽度仅为 4 米，长度却有50 多米，高度方向上是直上直下的。怎样赋予这样一个局促且狭长的建筑空间独特的魅力，就成为该设计的核心所在。

窄、长、高这样的这种空间特点让我们联想到了"峡谷、高峰"，这个"高峰"是知识的高峰，我们可以用知识的载体——书去一层一层地构建。而攀登峡谷、高峰正是勇敢者的运动，充满挑战，登上新的高峰就意味着创新的成功。新的事物、新的风景就此展现在眼前。这个理念正好是对创新的完美诠释。

照明设计力求简洁与创新。公共区域均采用线性照明，并与线形风口结合在一起，不规则的布置，使整个天花板既平整又动感。而客服区域采用了点状的功能性照明，使之从公共区域中脱离出来，强调特有的空间属性。中庭的照明也采用了线性照明，但是又很节制，仅仅通过地埋灯照亮白色"盒子"的凹处，一方面凸显了空间原有的造型感。另一方面巧妙地通过另一侧玻璃幕墙的反射增加了空间感，照明成本也能够得到很好的控制。这些地埋灯设计特意被设置为可调色温的，这样能够通过电脑的控制，偶尔变化出彩色，为平静的办公楼注入激情，激发创造力。

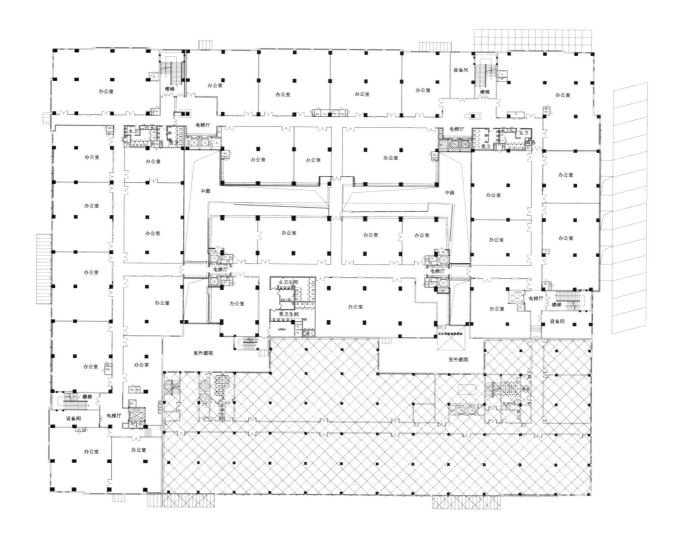

标准层平面图

B铜奖
ronze award

涟漪
——浙江太湖图影旅游度假区便民服务中心

项目地址：浙江省湖州市长兴县图影旅游
设计单位：博溥（北京）建筑工程顾问有限公司
设计主创：刘珂、聂国华
设计团队：刘春录、张洁飞
设计时间：2012 年 01 月
竣工时间：2014 年 06 月
项目面积：9220 平方米
主要材料：大理石、木纹金属板、黑色不锈钢、涂料
摄　　影：侯博文

项目位于太湖西南一隅。建筑围绕景观内院呈回字形布局。设计保留了入口大厅的两面通透幕墙，贯通的室内外空间增加了进深感。室内设计在延续建筑设计肌理的同时融入江南水乡的清雅气息。两端延续室外幕墙的石材，空间中穿插的回廊采用纯净、朴素的白色墙面和黑色地面，形成"小桥流水"意象。大堂天花为"涟漪微澜"的设计意象，通过条形木纹金属板 180° 的扭曲，形成动态的视觉效果，给宁静的空间注入了灵气，在静谧中彰显出江南水乡独有的文化特征。

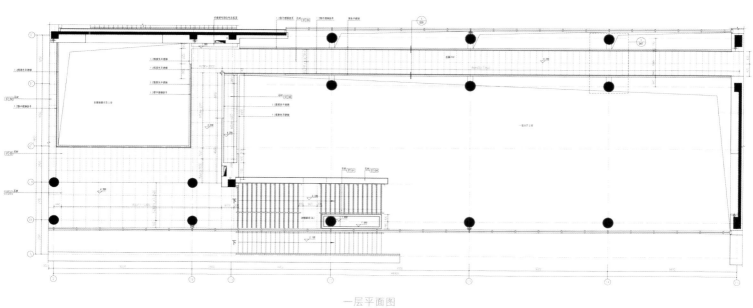

一层平面图

G金奖
Gold award

2013 广州国际设计周
——"回"展厅

项目地址：广东省广州市琶洲保利世贸博览馆
设计单位：广州华地组环境艺术设计有限公司
设计主创：曾秋荣、曾冬荣
设计团队：张伯栋
设计时间：2013 年 11 月
开放时间：2013 年 12 月
项目面积：96 平方米

展厅设计借鉴了合院这一中国居住建筑的原型，通过游廊、竹园与茶室的围合，营造沉思自省的空间特质及含蓄清幽的自然意趣。

设计采用清晰、明快的现代建筑语汇，摒弃一切不必要的装饰，回归建筑的本质：空间、光线、自然。

洞口的设置，使空间更具透明感与穿透力；光影的引入，更添空间的禅意，使之具有灵性。茶室的设置，让人借由品茗，感悟人生的简单与自在。通过沉默的修行，让人变得自律与质朴，并在反省中关注人与空间、建筑与生活的关系。回归自然、回归人文、回归内心的宁静，即回归设计的本真。

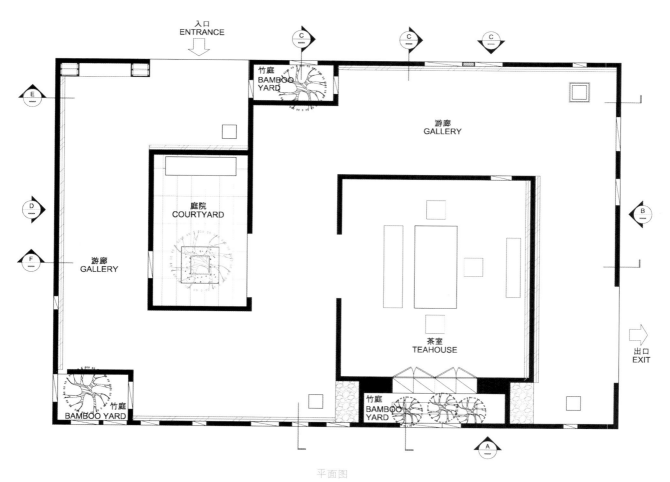

平面图

S银奖
ilver award

济南阳光一百
艺术馆

项目地址：山东省济南市
设计单位：深圳市派尚环境艺术设计有限公司
设计主创：周静、刘来愉
竣工时间：2013 年 12 月
会馆区域：活动区、画廊、咖啡吧、茶室、奇石及雕塑展、
　　　　　家具展等
售楼区域：将售楼流程融入会馆空间，满足销售需求
项目面积：2888 平方米

项目以"艺术会馆里的售楼处"为空间规划目标，构筑具有艺
术气息和品质感的空间，营造符合项目发展需求的全新形象。

项目初期面临诸多挑战，如：需要降低成本，以低廉的硬装
造价，达到理想的空间效果；同时，不对原有机电进行改造，
天花板不能打造层次变化丰富的造型；此外，项目工期极短，
不宜采用复杂的造型；最后，会馆的意象展品和配套功能设
施偏向中式风格，需要处理好极简空间形态和重视陈设之间
的关系。

在深化设计的过程中，我们找到了在多重限制条件下赋予空间
独特气质的途径：简单的线条在大块面的形体上勾勒出具有东
方禅意的空间轮廓；以展柜、定制木格、地毯、灯饰等元素完
成空间层次的划分；以具有东方韵味的现代家具和古典中式木
质家具的搭配营造既尊贵又有强烈感染力的氛围；以多组原创
的艺术装置强化会馆的主题。我们期待这个"艺术会馆里的售
楼处"使客户明确地感受到楼盘整体品质的提升。

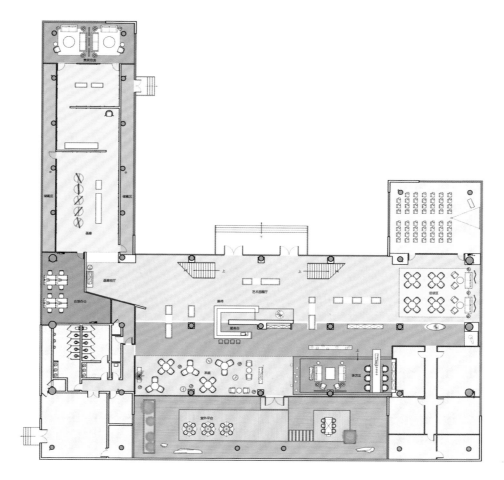

一层平面图

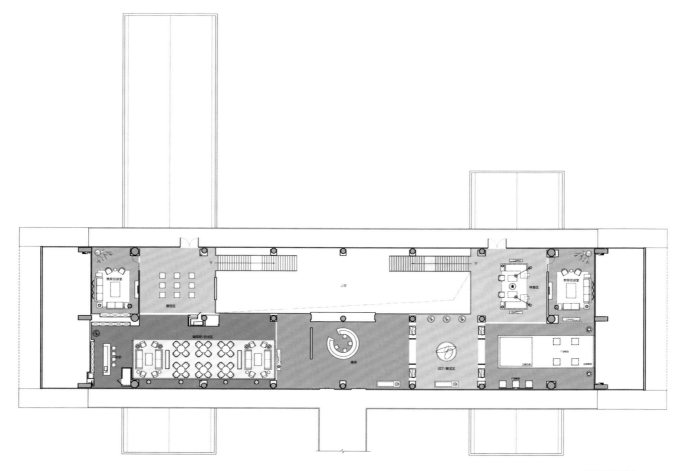

二层平面图

康巴艺术中心

项目地址：青海省玉树州结古镇
设计单位：中国建筑设计院有限公司
设计主创：郭晓明、魏黎
设计时间：2013 年 4 月
开放时间：2013 年 10 月

康巴艺术中心属玉树灾后恢复重建十大标志性工程之一，由崔恺院士主持设计。A 区演艺中心作为其核心建筑物，建筑面积为 8539.74 平方米。已于 2013 年 10 月投入使用。"无边的草原上，同一大帐下，各族人民共欢歌"这句话准确地描述了我们对于康巴艺术中心的设计意图。

色彩和歌舞是康巴艺术中心的主题。建筑主体外墙装饰材料采用不同模数的混凝土空心砌块砖通过钢筋拉的结自由叠砌。展现与传统石材垒砌墙面在构造方面的契合。通过涂抹白色、红色等当地常见的外墙涂料，产生与藏式建筑传统外墙材料相协调的质感。这些丰富的色彩元素不仅表现在建筑外窗户的色调上，也体现在室内设计的元素上。大剧院的设计力图将彩色经幡与藏族舞蹈的流动彩带作为贯穿所有空间的线索，体现康巴舞蹈动感欢快的特征，并强调空间的延续性。五彩的经幡在蓝天中起舞并编织成彩色大帐，室内设计将这几种色彩从室外引入室内。色彩从侧厅折板屋顶蔓延至剧场观众厅垂板，由幕布倾泻到观众席，弱化的台口让表演者和观众融为一体。局部跳跃色彩的座椅，模拟大草原上的骏马、牛羊和夜晚的点点篝火，隐藏于夜晚的布幔里。深色的橡胶地面和咖啡色座椅，使彩色座椅颜色更为鲜亮。色彩的蔓延也时刻提醒着我们自己所在的区位，指引着从进入到欣赏再到离开的完整路径。

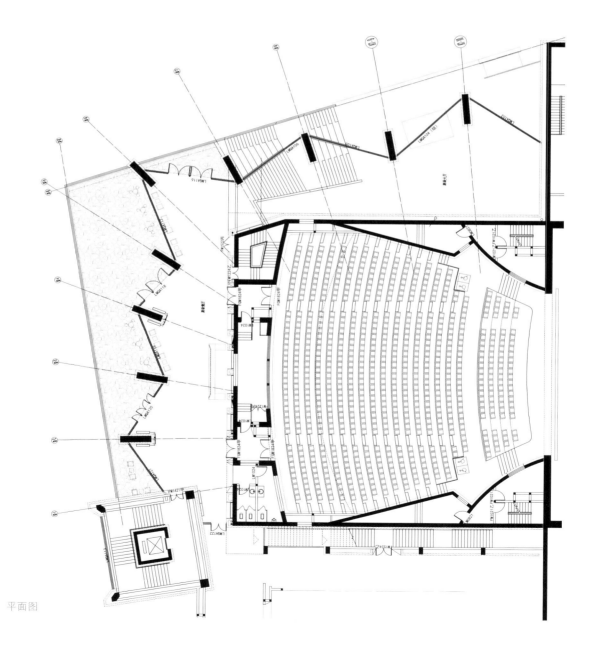

平面图

银奖
Silver award

中国光学科学
技术馆

项目地址：吉林省长春市净月开发区永顺路 1666 号
设计单位：上海尚珂展示设计工程有限公司
设计主创：王征宇、王玮
设计团队：王春磊、刘小丽、庞淼、张瑞航、徐静、
　　　　　徐晓雯、胡红梅
项目面积：3000 平方米

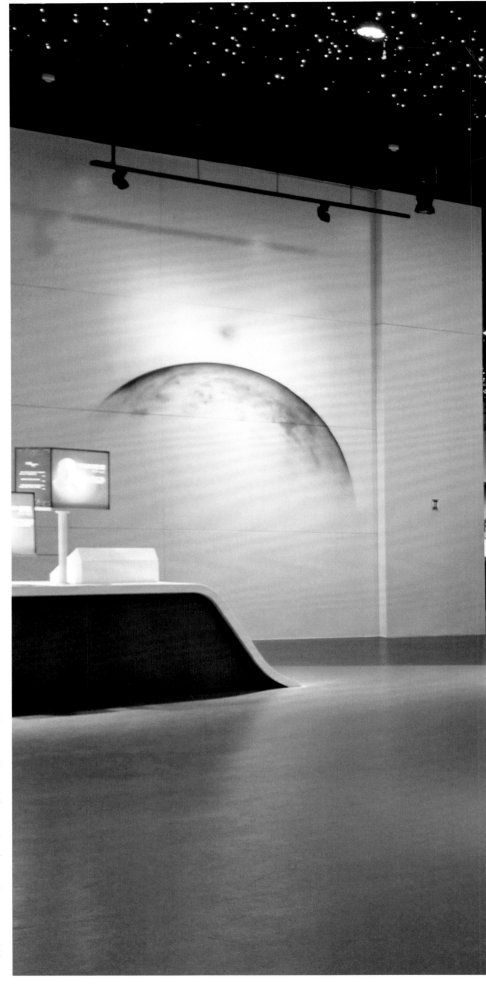

中国光学科学技术馆是我国唯一一座国家级的光学科技馆，也是全世界规模最大的光学专业科技馆。

设计师在不断揣摩与思索光的本质时，着重突出光学科技的奇幻色彩，在 3 万平方米的大型展示空间内，设置"奇妙之光""光的探索""光的时代""光彩世界""光的未来"5 个主展厅，展示人类认识光、探索光、研究光、运用光的过程；同时，设置"千年光辉"和"神州光华"两个展厅，展现世界光学及中国光学事业的发展历史。

在设计形式方面，分别以"赤、橙、黄、绿、青、蓝、紫"七色光作为各个展厅的基础色彩，根据每个展示空间的主题及内容，提炼与升华，利用麦穗、山峰、万花筒、交织的网等精彩的设计元素，让展示空间的内容与形式达到完美、和谐的统一。

在设计选材方面，采用市面上最常见的装饰材料，通过创新性的组合与演绎，让银河、光晕等奇妙的光学现象走近人们的身边，获得更符合光学特性的艺术展示效果。

设计师注重参与性和互动性，同时也关注"启发式"的展示方式，致力于让"参观者"变成"参与者"，从接受光的科普知识、受到启发上升到对光的探索与创新。希望所有来此参观的人在来时怀着兴奋与期待，在离开时带着惊喜与反思。

波动与粒子
Wave or Particle

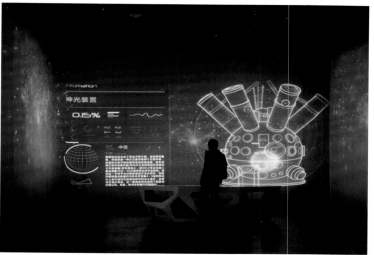

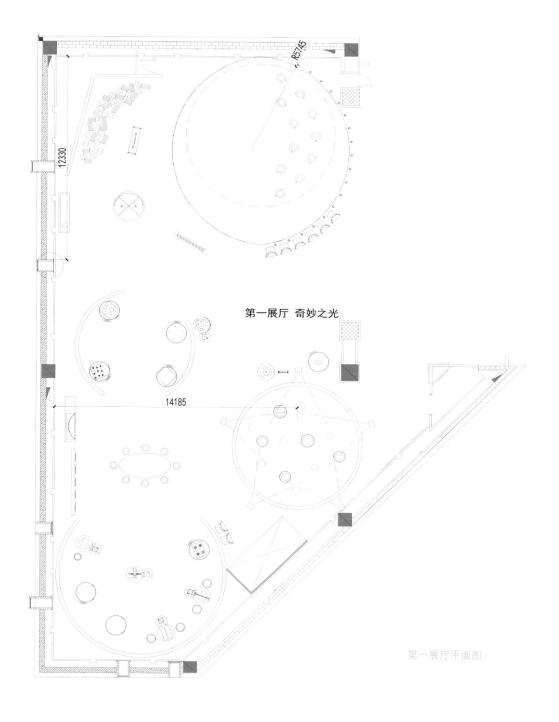

第一展厅 奇妙之光

第一展厅平面图

B 铜奖
ronze award

时代云

设计单位：广州市东仓装饰设计有限公司
设计主创：余霖
设计团队：雷华杰

如果有机会仰望大地，你会知道这世界的美好在于：可能性。

一个公共空间的作用是什么？思考很久后的结论是：公共空间除了能够完整地承载公众行为和梳理公众秩序（功能流线）外，更大的价值在于从感性上给予受众一些想象力与思考的可能性。因此，公共空间是一种明确的声音，它告诉你或奇异、或美好、或性感、或震撼、或平静。缺少这种声音的公共空间是失败的。在此项目中，我们试图传递的声音是情绪化的：一个商业空间不断地提醒人们可能性的重要。这里是时代地产销售会所，销售着在珠海这片投资热土上建造的房子，每天有无数的人在这里急切地"购买"他们未来的生活。作为地产产业链的另外一端——设计方，我们希望他们真正懂得：只有身处自由之中，才能捕获真正的美。

朴素的木材、沙石、简单的工艺、阵列式的肌理和构成，共同营造了一种关于美的可能性。这也是对回归自然主义的隐喻。

平面图

B铜奖
Bronze award

YUMU
隔木文化展览室

项目地址：广东省佛山市
设计单位：硕瀚创意设计研究室
设计主创：杨铭斌
设计时间：2013 年
竣工时间：2014 年
项目面积：180 平方米
主要材料：白色乳胶漆、镜面、黑色拉丝不锈钢、皮革

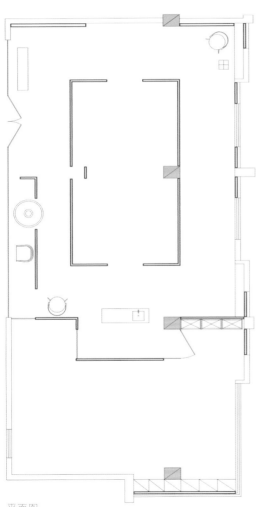

平面图

体验者的生活态度。是关于尝试、挑战、创新和冒险的生活实践过程，也是关于品质、格调、趣味和标准的生活状态。该项目原本是一个 10 米 ×18 米平整方正的四面墙空间，设计师在空间里放了一个"盒子"，让空间形成一条可以回转的路线。同时，以中轴线对称的形式设置的洞口，使空间里的各个焦点更为集中。空间设计使用了最简单、最纯粹的材质，就像我们绘画用的白纸。按需求，为这最纯粹的空间填充内容。

B铜奖
ronze award

原生之爱
——泰丰汇民间手工布艺体验馆

项目地址：山东省滨州市博兴县开发区
设计单位：谷鹏艺术设计机构
设计主创：谷鹏
设计团队：刘越、牛震、李帅、王程
设计时间：2013 年 11 月
开放时间：2013 年 12 月
项目面积：130 平方米
主要材料：棉花、棉绳、手工棉布
工　　艺：以无印蓝布为地，以手工棉布为帘，以原生棉花为饰，
　　　　　穿线悬挂，编绳结网
摄　　影：谷鹏

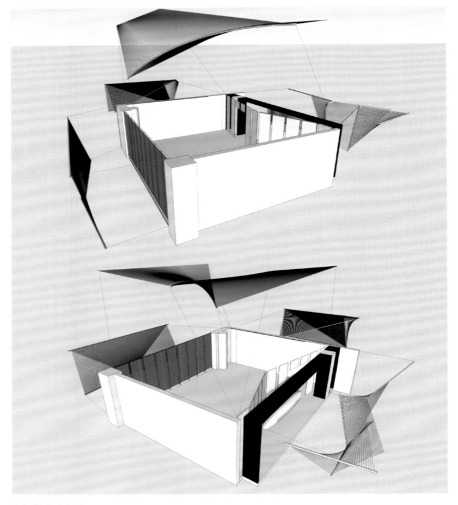

空间结构分析图

项目通过对传统民艺的梳理和解读，感知与传承，并与当代空间
设计语言搭接与实验，演绎手工布艺从原生棉花至引絮成纱再到
织造成布的过程，进而思考传统民艺发展的方向，如何协调保护
与发展，传承与衍生。空间设计秉持传统民艺保护与再造的理念，
与设计师尝试寻找将传统手工转化为当代设计的路径，探寻传统
手工民艺发展的新的可能。

铜奖
Bronze award

北京地铁 10 号线
二期丰台站

项目地址：北京市丰台区
设计单位：博溥（北京）建筑工程顾问有限公司
设计主创：刘珂、桑振宁
设计团队：刘春录、郭立海
设计时间：2010 年 11 月
竣工时间：2013 年 10 月
项目面积：8600 平方米
主要材料：大理石、木纹金属板、黑色不锈钢、涂料
摄　　影：刘珂

地铁站的室内设计往往受各种因素制约，如空间、材料、设备、造价、线路定位等。大部分的站点以满足功能需求为目标，空间效果退而次之。北京地铁 10 号线二期丰台站在线路规划初期考虑与新丰台火车站无缝连接，因此在空间规模上比线路其他车站更大，设计概念上发挥的自由度也较高。

如何在保持线路现代风格的同时又体现北京的文化特征是设计面临的难题。经过多轮由复杂至简洁、由具象至抽象的推敲深化，实施方案最终采用了单纯又极富冲击力的色彩对比手法。浅白色的基调明亮、整洁，彰显出现代轨道交通空间的高效特质。垂直交通部分粗壮的结构柱包裹成纯正的红色，视觉引导效果清晰、明确，同时与北京"政治中心、古都风貌"的特征产生快速对应的联想。在没有具象造型、没有增加工程成本的前提下，解决了项目最大的难题。

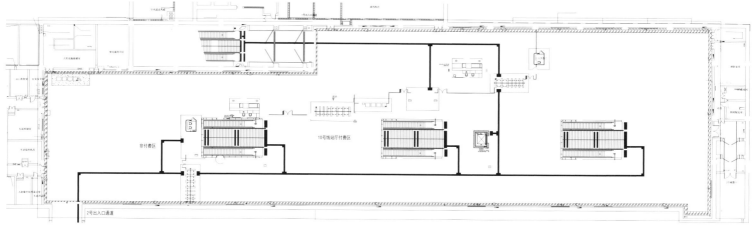

站厅层平面图

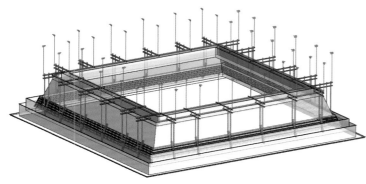

BIM 模式下的族单元

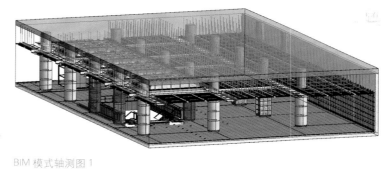

BIM 模式轴测图 1

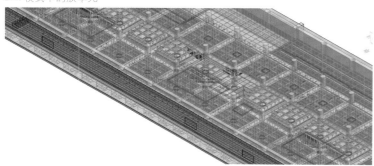

BIM 模式轴测图 2

BIM 模式下的地铁空间

G old award
金奖

厦门实验小学
图书馆

项目地址：福建省厦门市思明区同安里 5 号
设计单位：厦门俊合建筑设计有限公司
设计团队：姜辉、许银鹭、陈菁
设计时间：2012 年
竣工时间：2013 年 10 月
项目面积：490 平方米
主要材料：人造石、防火板、亚麻油塑胶地板
摄　　影：姜辉

厦门实验小学图书馆为一个改造项目，原有图书馆的空间形式较为规矩，书架形式没有过多的变化。图书馆整体空间没有体现出是为儿童所用的图书馆，气氛略显单一、沉闷。

项目初期面临的挑战包括：重新打造新的空间有着一定的难度，因为原有建筑条件并不是太好，受到建筑楼层高度以及空间内几个承重柱的限制。

为解决以上问题，首先在平面布置方面规划好功能区域并结合了动态流线，它们灵动、有序地贯穿整个室内空间。为打破原有建筑空间的沉闷感，运用了黄色、橘色、红色几种颜色搭配，使整个图书馆空间活跃起来，基调以白色为主，加上跳跃的颜色搭配。书架形式采用了曲折形式，书架上大大小小的圆形气泡和一进门的 4 根大柱子造型各异且高低错落。柱面上跳跃的颜色结合天花板上的花朵造型，搭配活泼的壁画、温馨柔和的灯光以及阅读区域中错落有致地摆放的充满童趣的小桌椅和色彩亮丽、形式多样的书架，打造出一个充满趣味的空间。它好像一个色彩缤纷的童话世界，吸引小朋友进去探索知识宝库。

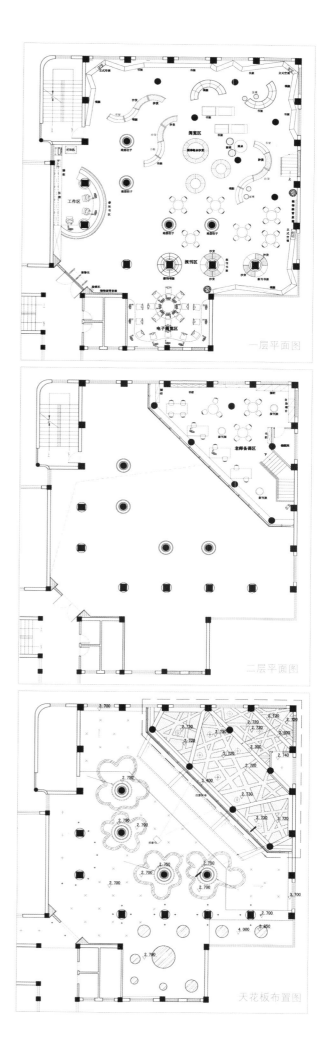

一层平面图

二层平面图

天花板布置图

S银奖
ilver award

静·净
——南京医院老年科旧楼改造工程

项目地址：江苏省南京市核心地区鼓楼
设计单位：南京德加室内设计有限公司
设计主创：薛燕生．杨晋
设计团队：秦刚
设计时间：2013 年 9 月
开放时间：2014 年 5 月
项目面积：约 8000 平方米
主要材料：复合板材
摄　　影：金啸文

旧楼改造出新是该项目的特点，其力求以早期的建筑结构满足现代医疗需求。设计从老年科科室技术特点出发，再融入对医护人士日常工作的技术关爱，与常用的设计手法有了明显区别。装饰用材、用色素雅且大方，在整体简单、简洁的外表下隐藏了众多看不见的复杂和改变，而对顽固的旧俗而言，改变是勇敢的一步。

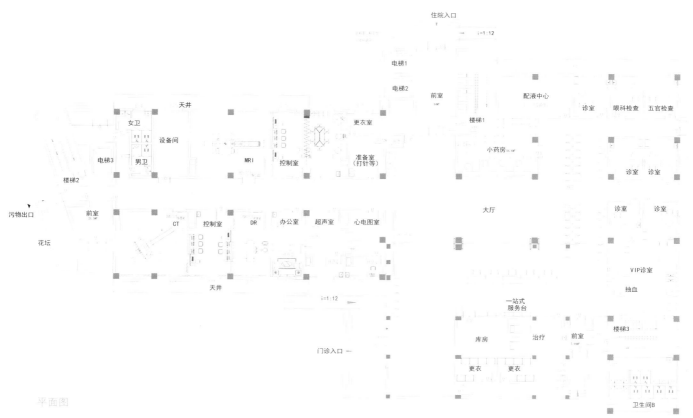

住院入口

i=1:12

电梯1

电梯2

前室

配液中心

诊室　眼科检查　五官检查

天井

女卫

设备间

更衣室

楼梯1

小药房

电梯3

男卫

MRI

控制室

准备室
（打针等）

诊室　诊室

楼梯2

污物出口

前室

CT

控制室

DR

办公室

超声室

心电图室

大厅

诊室　诊室

花坛

VIP诊室

天井

抽血

i=1:12

一站式
服务台

楼梯3

门诊入口

库房

治疗

前室

更衣　更衣

平面图

卫生间B

B铜奖
ronze award

造美合创

设计单位：福州造美室内设计有限公司
设计主创：李建光、黄桥
设计团队：郑卫锋、陈名新
项目面积：500 平方米

"造美合创"是一个兼具设计产品展示和设计产品研发两个主要
功能的空间。设计师把空间分为三部分：前部，设计产品展示空
间；中部，品茗空间；后部，设计产品研发空间。该项目的目标
是传达设计的生活美学。

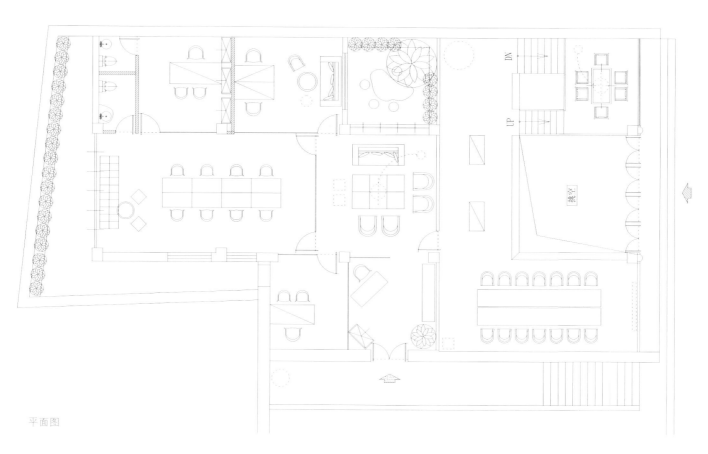

平面图

铜奖
Bronze award

北京望京新世纪
妇儿医院

项目地址：北京市朝阳区望京北路 51 号院（望湖公园东门南侧）
设计单位：中国中元国际工程有限公司
设计主创：王艳洁、姜晓丹
设计团队：陈亮、李无畏、朱轩
设计时间：2011–2013 年
使用时间：2013 年
项目面积：儿童楼建筑面积 5232 平方米，
　　　　　妇产楼建筑面积为 4046 平方米
主要材料：涂料、树脂板、PVC、成品护角、石膏板、矿棉板

新世纪妇儿医院由妇产楼和儿童楼共同组成，两楼面积相仿，都是地下一层，地上两层，儿童楼建筑面积 5232 平方米，妇产楼建筑面积为 4046 平方米。

以儿童楼为例，首层有 5 类诊室科室，分为绿、粉、橘、蓝、紫 5 个颜色分区，科室护士站背景墙色调及护士站灯箱等与相应分区地面点缀色一致，诊室四面墙有一面墙体使用点缀色，不同科室的医疗氛围各异，可识别性很强。

二层整层为住院部，包含 46 间单人病房，通过颜色整体分为 4 个区，每个区域都有自己的主体颜色，每个病房墙面及地面颜色都与主体颜色相呼应，形成色彩各异的病房空间。后期软装配置也是在整个色彩系统和氛围下进行，选用与主色系一致的窗帘布艺系统，也与区域点缀色相协调，这在很大程度上提升了整个空间的品质。

整个医院延续阜成门北京新世纪儿童医院的装修风格，借鉴美式医疗设计风格特点，所有装饰材料均选择高端医疗产品。在装修工艺方面，使用方也提出了较高的工艺要求，力求完美。所有墙面阳角处均采用进口材料的高端护角，将性能优越的防撞带沿用于病房里，既起到防撞作用，也可用作扶手，卫生间铺设进口鹅卵石地面，防滑。

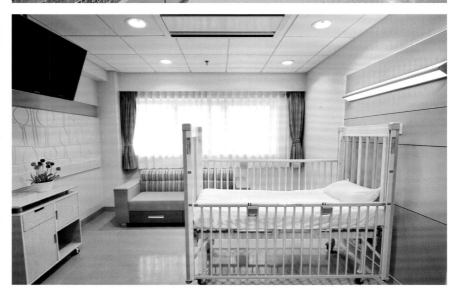

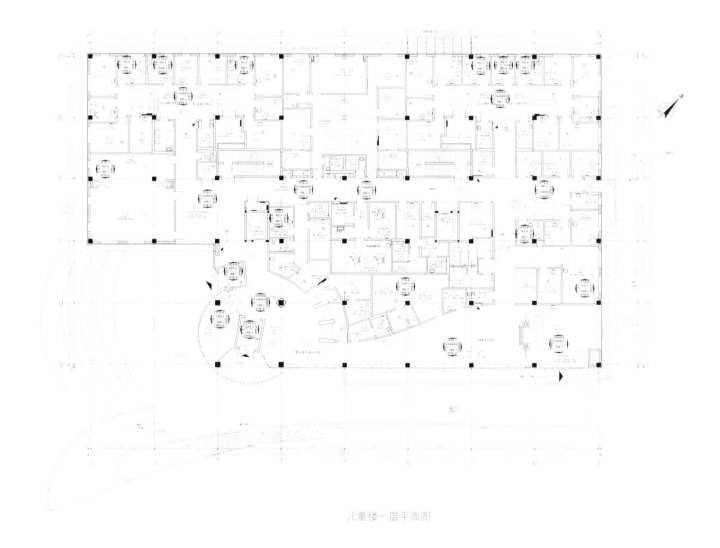

儿童楼一层平面图

G金奖
Gold award

于舍

项目地址：安徽省合肥市
设计单位：合肥许建国建筑室内装饰设计有限公司
设计主创：许建国
设计团队：刘丹、陈涛
项目面积：425平方米
主要材料：原木、石材、小白砖、水曲柳木饰面

项目以"返璞归真"为主题，舒适、平和的家居空间，处处留芳，充满人文情怀、朴素诗意。

设计师从地域环境、人物性格、东方之美出发，通过精细的考量和规划，采用大量的最有温度、最有感情的木质元素和天然材质。对门和窗进行精心设计，力求打造一个充满自然气息和人情味的空间。考虑到业主家人，从老人到小孩，在空间划分方面也精雕细琢。一层公共空间倡导人文情怀，二层是老人房及客房，注重功能的便捷，三层是主卧，注重一体化，四层女孩房则考虑到业主女儿的留学经历，融合法式风格，中西情调完美结合。

原木、原石等自然材料，随光线变化而变化，柔和且富有生命力，兼具东方之神韵，纯真、宁静、自然。以纯净的木色为主调，格调清雅，格局错落有致，构建人与自然的和谐对话，表现悠闲、舒畅、自然的生活情趣。

现代与原始冲突对立又如此融合。电梯口的按键采用原木柱，表达对大自然的执着追求。

设计师直取本质，朴素之美，超脱表面的艺术形式，品味幽玄之美，从而远离都市喧嚣，让生活回归质朴、舒适和宁静。

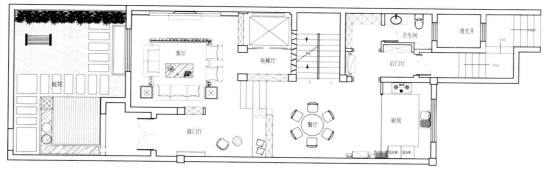

一层平面图

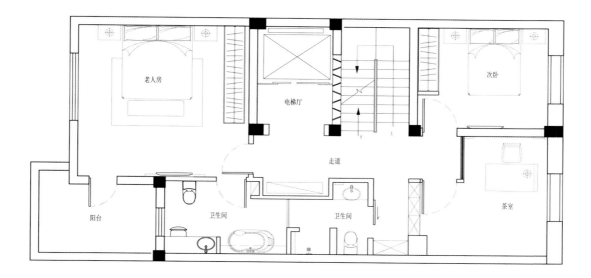

二层平面图

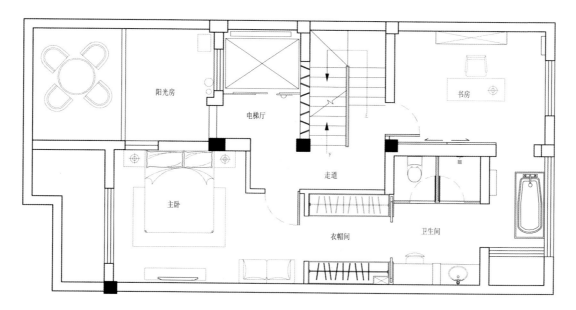

三层平面图

G old award
金奖

凯旋门复式单元

项目地址：广东省广州市花都区
设计单位：星艺－谭立予设计师工作室
设计主创：谭立予
设计团队：陈微微
竣工时间：2014 年 8 月
项目面积：400 平方米
主要材料：石材、实木皮、白漆、白玻
摄　　影：谭立予

项目以空间中各种形式的对比为发散点，结合使用者的行为方式，给人以不同的情感体验。

有别于传统客厅以坐区围合为中心的设计方式，该项目客厅窗前的木质地台在整个空间中占有一定的比重。在大挑高的景观窗形成的背景之下，该区域在实际使用中成为展现生活趣味的舞台。它既承载家人之间的交流互通，也使空间中的人在自然光线和纯净色调的窗帘背景的映衬下形成动静相宜的画面。

对面的楼梯间和二楼平台是人与空间互动的绝佳位置。而楼梯间本身在尺度和材料上进行控制，竖向的半封闭结构体与横向延展的客厅空间形成对比。对材料色彩的把控充分考虑人的触感和视觉感。通过这种丰富的构造节奏赋予人精神上的收放。

各种功能储物空间采用了构造体块的形式，错落的结构本身又呼应着窗外的城市天际线。新的视觉秩序，带来更为丰富的生活意趣和空间氛围。

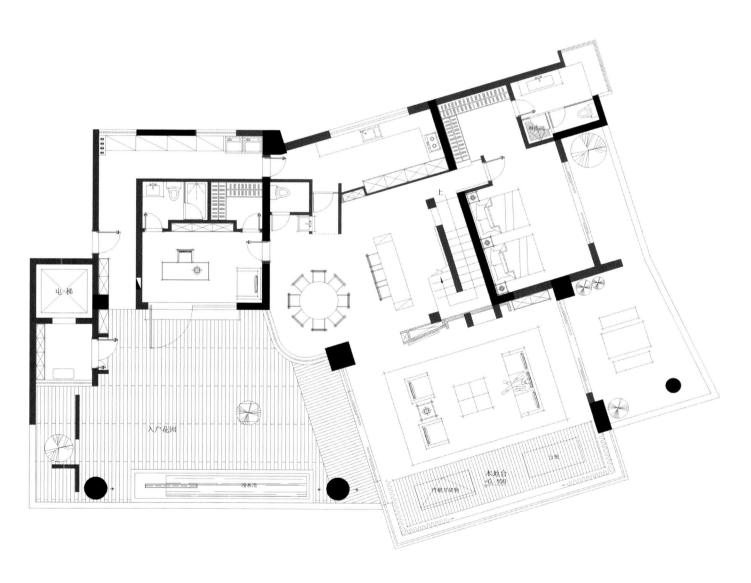

平面图

银奖
Silver award

碧水湾示范单元

项目地址：广东省江门市
设计单位：硕瀚创意设计研究所
设计主创：杨铭斌
设计时间：2014 年
竣工时间：2014 年
项目面积：70 平方米
主要材料：乳胶漆、镜面、木皮

项目以"趣味填空题"为理念，提出"参与设计"的观点，提供空间户型可无限演变的可能性，让使用者发掘各种可能并参与其中，构建参观者与空间的互动关系。

如果说阅历是时间的填充答案，那什么是空间的填充答案呢？趣味小物和色彩成为最拿手的填充内容，填充美好的生活。

平面图

S银奖
ilver award

自由之家

设计单位：温州市华鼎装饰有限公司
设计主创：项安新

我们希望"家是放松和休息的地方"，体现自由的生活方式。该案采用简约的现代处理手法，使点、线、面顺畅地衔接，以高雅、和谐的整体用色营造自然、优雅的时尚空间。

该案强调突破旧传统，创造新功能，重视功能和空间组织，注重彰显结构构成本身的形式美，造型简洁，采用合理的构成工艺，尊重材料的性能，讲究材料自身的质地和软装配置效果，巧妙地体现人文修养，于细节处丰富空间层次。

该案采用方正、平和的空间结构，以天然的木材、大理石、乳胶漆为主，不张扬，幽静、淡雅，给人以舒适的感觉，使空间与人共同成长与变化。

立面规划简洁、清晰，赋予空间最明亮的视觉感受。尤其是客厅背景墙上整幅飘逸的水墨画，具有很强的感染力。

该案汲取传统结构式设计精髓，客厅、餐厅、休闲区、书房自由连接，让大空间无拘无束，活动由一空间延续到另一空间，没有勉强也没有刻意，散发着自由的气息。

主卫采用纹理自然的抽木，使整个空间优雅而温暖。

中式语汇以新装呈现，中式椅子、生漆书桌、错位导台、角几及中式装饰，线条简约，但可见中国文化经典韵味。各种装饰元素相互呼应，一环扣一环。开敞的空间，呈现通透的视觉效果。

主卧室

更衣室

过道2

主卫

洗衣房

露台

休闲活动室

客厅

子女房

外卫

书法区

餐厅

次卧室

过道1

入口

厨房

平面图

S 银奖
ilver award

裹中
——天湖郦都李宅

设计单位：佛山市城饰室内设计有限公司
设计主创：唐列平、何俊宁
设计团队：李广浓

黑白的时尚配色、雅致饰品的随意摆设、时尚的文化融合、线与面的处理、灯光冷暖的搭配，共同营造了一个品质空间。虚实动静的对比，除了解决空间的实用性问题，设计师特别注重运用灵活多变的空间元素，在空间中寻找平衡，平衡人与空间的关系，人与大自然的关系，让走进空间中的我们领略个中趣味。设计师认为，空间应代表业主的生活品位与心境。设计师希望透过这种心境，营造一种比较内敛的生活方式，通过轴线关系，使居者无论走到空间的任何角落，都可以感受到空间带给我们的启发，感受是最直接的，也不张扬。同时，空间设计围绕"合"的概念进行阐述，因此称之为"裹中"。

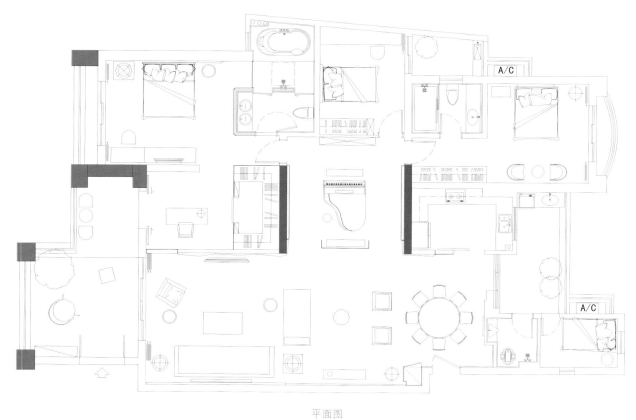

平面图

B 铜奖
ronze award

禅居
—— 泉州聚龙小镇

设计单位：峰尚设计顾问有限公司
设计主创：张鹏峰
设计团队：蔡天保、张建武
设计时间：2013 年 9 月 — 2013 年 10 月
施工时间：2013 年 11 月 — 2014 年 2 月
项目面积：140 平方米
主要材料：橡木饰面板、实木花格、树干、原木地板

项目位于聚龙山麓，环境宜人，风景秀丽。设计师结合地理位置，
打造人与自然和谐相处，现代文明与纯朴乡情相互融合的空间，
营造人们心中向往的、返璞归真的意境。

步入大厅，客厅、餐厅、开放式厨房连成一片，显得开阔、敞亮，
空间没有多余的修饰，简洁、利落的实木线条彰显出业主素雅、
沉静的生活品味。在此不须理会世间潮流时尚的纷纷扰扰，闲暇
之余，舒舒服服地坐在沙发上，品味一杯清香的好茶。

藏身在客厅之后的，是一间开阔的书房。占据一整面墙的落地书
柜中，整齐地排列着业主的至爱收藏，理性的线条装饰与客厅的
调性相契合。连摆放的书本都是一个风格系列的，不显摆，不张
扬，只按自己的喜好掌握空间的节奏。

禅，是东方传统文化的精髓。它注重实际的体悟，不囿于僵化、
刻板的形式，也不受成法的约束，只注重于自由、活泼的心态，
讲究直心是道场，平常心便是道。

主卧
S:13.4m²
C:15.0m

主卫
S:4.6m²
C:9.1m

儿童房
S:13.0m²
C:18.1m

书房
S:9.2m²
C:12.1m

老人房
S:12.1m²
C:14.8m

休闲阳台
S:6.6m²
C:11.9m

客厅/餐厅
S:42.7m²
C:39.8m

公卫
S:3.9m²
C:8.7m

生活阳台
S:2.2m²
C:7.0m

储物间
S:1.8m²
C:5.5m

厨房
S:6.7m²
C:10.9m

平面图

B铜奖
Bronze award

向蒙德里安致敬
——保利三山新城西雅图 8 栋 A3 样板房

项目地址：广东省佛山市
设计单位：广州道胜装饰设计有限公司
设计主创：何永明
设计团队：道胜设计团队
设计时间：2013 年 5 月
竣工时间：2013 年 9 月
项目面积：58 平方米
主要材料：银河世纪大理石、爵士白大理石、瓷砖、复合木地板、
　　　　　黑色镜面不锈钢、防火板、墙纸
摄　　影：彭宇宪

该方案以"蒙德里安红黄蓝的直线"为元素，采用面积不等的红、黄、蓝色，营造出强烈的色彩对比以及稳定的平衡感。

空间由长短不同的水平线和垂直线分割成大小不一的正方形和长方形，并以粗黑的交叉线相区隔。在正方形周围以各种长方形穿插其中。

原木家具洋溢着大自然的气息，彰显出悠闲、自由的生活方式。饰品、挂画、地毯等延续着蒙德里安风格特色，色彩大胆、跳跃。在儿童房中，有趣的墙贴和一旁地上的玩具契合了儿童开朗、活泼的性格。在主卧中，在色彩丰富的墙面和地毯上，使用素雅的浅灰色进行中和与过渡，丰富空间的同时不失稳重与和谐。

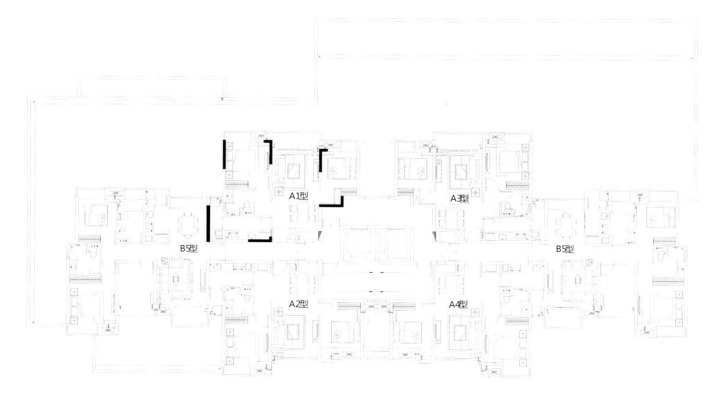

平面图

B 铜奖
ronze award

杭州万科郡西别墅

项目地址：浙江省杭州市余杭区良渚文化村
设计单位：LSDCASA
设计主创：葛亚曦
设计团队：彭倩、蒋文蔚
软装设计：LSDCASA
项目面积：640 平方米

该案例采用泛东方文化的传统元素，塑造了富有艺术底蕴的尊荣姿态。设计汲取杭州当地西湖龙井的清汤亮叶与桂花的清可绝尘等传统自然精髓，辅以罐、钵、瓶、水墨画等中式元素，回归内在的价值观与文化诉求的同时呈现中式力量，以融合并济的多元创新手法，营造崭新的装饰风格，给人以低调、内敛之感。

空间共分为三层，一层门厅以深咖啡色和米色为主，稳重、有质感且暗藏奢华。铁艺吊灯，精致的瓷器及提升空间品质的花艺尽显空间气场。客厅是供业主进行社交活动的公共空间，质感奢华的绿色和灰色沙发、中式地毯、奢华的摆件和点缀其间的精致花艺，严谨和奢华的背后，透出仪式感。沙发背后的竖式水墨画，意境清新、淡远，给空间平添了文化气息。

餐厅为满足宴请需求，陈设装饰注重强调仪式感。沉稳的黑色大理石餐桌，搭配红色主餐椅与点缀其中的橙色餐具，强调了用餐的秩序和礼仪。简约的吊灯，回纹镂空屏风与水墨画在空间中交相辉映，自然洒脱。

二层为私密的卧室空间，其中主卧以内敛的灰色和墨绿为主调，墨色花纹壁纸、整齐的画框墙面、简约洗练的边柜，细节处无不彰显出业主的艺术品位，烘托出空间的品质。主卧衣帽间在黑色调的基础上以灰色和金色点缀，尽显业主精致的生活品位。

负一层门厅是整座居所的风格浓缩。藏蓝色中式案几、橙黄色现代风格油画、橙色将军罐、精致的花艺，中国传统石狮和现代镂空铁艺塔在同一空间融合共生。多功能厅中摆放着柔软的布艺沙发和线条简洁的大理石茶几，兼具中式风格的静谧、安逸与现代风格的简约、利落。

B铜奖
ronze award

山语城庞宅

项目地址：广西壮族自治区南宁市青秀区百花岭路山语城 26 栋 402
设计单位：徐代恒设计事务所
设计主创：徐代恒
设计团队：周晓薇、吴青青、黄天塔
设计时间：2014 年 1 月
开放时间：2014 年 5 月
项目面积：170 平方米
主要材料：胡桃木饰面、泰伯灰大理石、超白玻、银镜

设计师针对业主的生活方式、工作性质、个人品位打造了这样一个简约舒适且极富品质的家。

空间主调为咖啡色与白色。大面积的木饰面墙与白墙搭配极简的家具营造出宁静之感，让业主回到家后感到舒适与放松。柔和的光线和令人倍感亲切的木质材料柔化了整个空间，白墙映着窗外的美景，优雅而宁静。餐厅旁的水吧台缓解了从入口向过道望去一通到底的尴尬，同时丰富了餐厅的功能。干湿分离的卫生间的木格栅门既保护了使用者的隐私，又不会使过道死板、封闭。

空间设计完美地体现了业主极简主义的生活态度。

平面图

B铜奖
ronze award

糅盒

项目地址：湖南省长沙市上庭院
设计单位：鸿扬家装
设计主创：傅一
设计时间：2014 年
项目面积：130 平方米
主要材料：白色乳胶漆、实木皮擦色、浅色抛光砖．清波、
　　　　　实色漆、大理石．黑色烤漆玻璃

这是一个新婚夫妇的居住空间。空间功能的考量并没有太多的羁绊。简洁、实用、时尚的要求让操作有了更多的选择。入户空间不大不小，利用时稍有尴尬。因此，在这里打造了装饰性很强的功能体，让进门后脱下的外套、客厅小件物品以及小件生活装饰都有了合适的位置。对卧室重新整合，让空间更通透。

简洁的形体在线形灯的映射下彼此相连。材质选择突出质感并呈现出丰富的层次和变化。对简单的元素进行合理的糅合，营造一个简洁的品质空间。

平面图

 金奖
Gold award

长白山池南区
项目展示中心

项目地址：吉林省长白山
设计单位：本则创意（柏舍励创专属机构）
竣工时间：2014 年 9 月
项目面积：约 5000 平方米
主要材料：石材、实木、肌理漆、黑色拉丝玻璃

该案坐落于我国目前最大的自然风景保护区——长白山，该保护区神奇、古朴的自然风光和别具一格的休闲养生环境赋予该案显著的地理优势。

设计师结合自然地理环境，将设计风格定位于园林风格。整体空间以原木为基础，保留了木质最原始的生命力，清澈淳朴，追求线与面的张力，彰显大自然之美。整个空间也如同一间散发着浓郁艺术气息的当代艺术馆，置身于此，就如同置身于一个被抽离出来的空间中，平和、宁静，淡淡的绿茶香气带来些许禅意。

空间设计体现环保理念，让人们远离尘嚣的纷繁庸扰，回归生命的纯净状态。

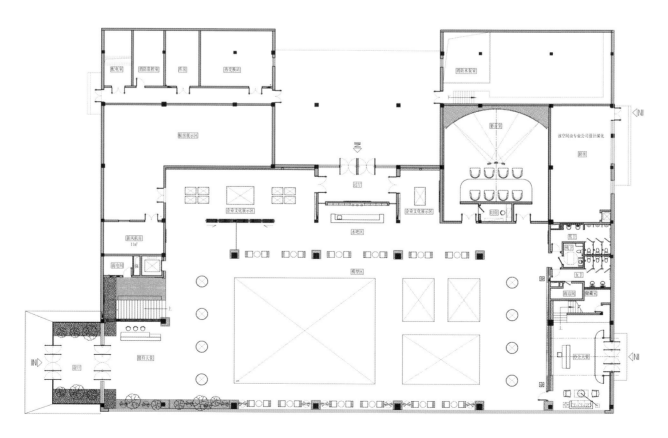

一层平面图

S银奖
ilver award

小隐

项目地址：湖南省益阳市安化县
设计单位：徐猛设计师事务所
设计主创：向如、周利
设计团队：徐猛、胡亚男、王雨欣
设计时间：2014年8月
项目面积：一层153.4平方米，二层113.7平方米
主要材料：水泥、老木板、镂空铁锈板、白墙

项目坐落于湖南安化境内，总占地面积约400平方米（含庭院、水池）。

设计灵感来源于对现阶段城市生活人群的心态感受。随着城市化进程日益加快，人们开始思考什么是健康的生活方式。高楼大厦和车水马龙令人厌倦和疲惫而不愿出门，喜欢宅在家里。

小隐隐于市，如何在喧嚣的城市里过上安逸的隐士生活，这个就是设计师最初的思考。

首先在空间结构的处理方面，尽量让空间大开大合。房间与房间之间没有完整的界限，让人挣脱原本的束缚。水体蜿蜒地穿插在庭院和建筑之间，让人心旷神怡。光源的处理运用环保理念，大多借用从天窗、天井、门洞、窗洞射入的自然光，再辅以少量的射灯光源，使空间明亮、通透。建筑材料的主题依然是环保、简洁，没有过多地运用浮夸和华丽的材料，而是返璞归真，采用了大量的水泥地面、老木板、镂空的铁板，这些淳朴、明亮的材质与纯净的白墙形成反差。该空间让人第一眼就感觉放松、纯净、怡然自得，同时契合了最初的构思——居于都市之中的隐者或是宅人。

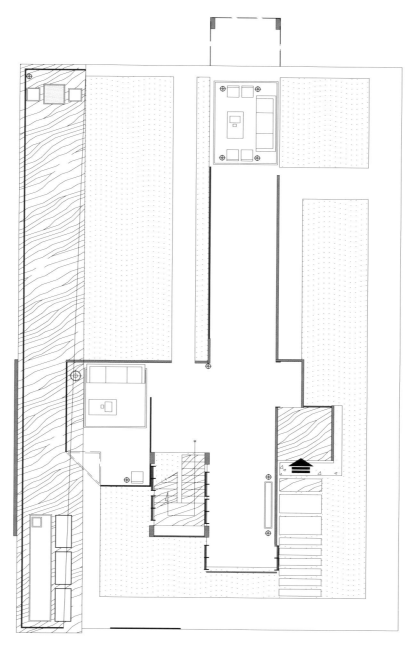

一层平面图

S银奖
ilver award

厦门合立道大厦
室内装修

项目地址：福建省厦门市湖里高新技术园区内
设计单位：厦门俊合建筑设计有限公司
设计主创：姜辉、林铮顗
项目面积：约36 000平方米
主要材料：防火板、氟碳漆、人造石、阻燃地毯、石材、
　　　　　背漆玻璃

合道设计集团是以设计为主业的公司，空间设计力求突出设计感和趣味性，避免过于庄重、严肃和商业化，充分利用现代设计元素体现极富创意的企业文化。

大堂，采用块和面相结合的现代装饰手法，汲取"合则成体"的设计精髓打造简洁、大气的空间。凸出的阳台、局部镂空的墙体形成了移步成景、峰回路转、曲径通幽且富有趣味的多变空间。现代简洁的黑、白、灰配色与企业风格相契合。电梯厅，体块的穿插、块与面的结合创造了极具设计感的交通空间。浅色木纹防火装饰板使空间充满了轻松的氛围。开敞的办公室、局部点缀的绿植，以及浅色木纹防火装饰板与白色墙体的虚实结合打造出轻松、愉悦的办公空间。会议室用于接待客户，直接展现了公司的面貌和形象，呈现全新的企业精神面貌。营造了自然、轻松、愉悦的洽谈空间为该设计的主要思想。在空间布局上采用非对称的形式，通过木纹防火装饰板与白色涂料墙的对比，以及黑、白、灰的色调搭配，将企业文化与现代自然的设计理念完美结合。

設计集团
HORDOR
DESIGN GROUP

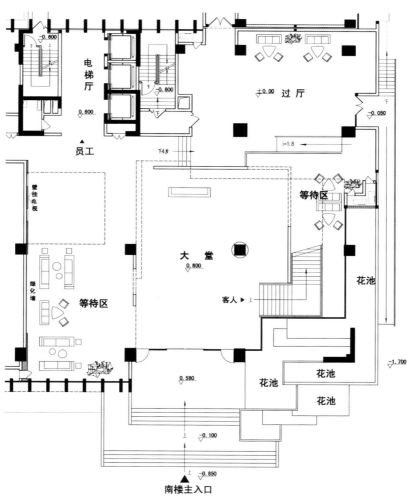

一层平面图

B铜奖
ronze award

云上城市印象酒店

项目地址：江苏省无锡市
设计单位：无锡观策室内设计有限公司
设计主创：吕邵苍、倪健
设计团队：吕欣、王剑、祁锦
设计时间：2013 年 4 月
开放时间：2014 年 10 月
设计标签：创意性主题酒店
项目面积：17 000 平方米
主要材料：木材、天然石材、金属、玻璃
关 键 词：时尚、快乐、青春

云上城市印象酒店,作为"创意＋设计＋运营＋资本＝创意酒店"
的首个范例,凭借以平价消费与感性设计体验为核心的产品创新
理念,将是引领创意设计酒店行业发展的风向之作!

云上印象是一种生活态度,于璀璨霓虹之上,仰望城市星空,云
上代表一种有高度的追求,每个人如同站在云端,抛开城市的喧
嚣,陶醉在快乐之中。

初期,城市的速度和节奏让每个人都觉得兴奋和充满冲劲,慢慢
地我们发觉,那种高速与快节奏似乎对人而言是亟需调节的,
设计师将对生活状态的体验及感悟深深地转化成为一种生活哲
学——慢生活。

项目的基地图呈现在案头,原有的建筑结构和框架形式做了更合
适的空间流程划分。光色形质的设计策略相当精确地表达了空间
的核心价值——微设计、慢生活

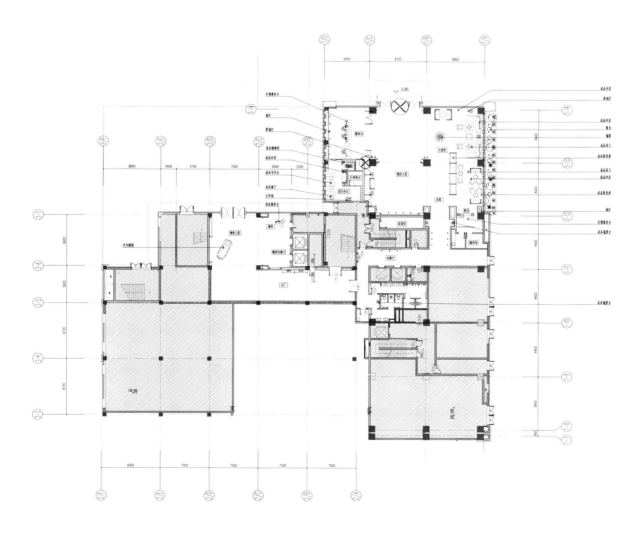

一层平面图

B铜奖
ronze award

真水无香

设计单位：湖南点石家装
设计主创：占泽龙
项目面积：300平方米
主要材料：天然石头、木头、砖、透明玻璃

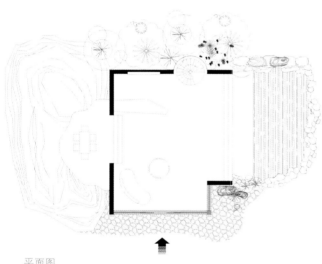

平面图

真水无香这套作品的设计灵感主要源于大自然。人类最早居住的室内空间是山洞。通过现代装饰设计手法与原始空间相结合，营造原始与现代的视觉冲撞。

一说真水无香原是佛教用语。源自印度梵文。意思是将散乱的心凝聚一处。

任何对美好事物的追慕都必须以物为本。而此处之物如能返璞归真，那么这种美就会变得更加真实、亲切而不乏美好与理性。真水无香就是这样一种感觉。

真水，即自然界中最真最纯的水，这应该是一种无论与何种物质相结合都会被污染的液体。其实所谓真，即指它没有任何的外在物性，也就无任何饰物赘品，无任何可以用人类的感官去总结并表达的特性……

人类唯一可以做的只是把自己的心靠近它、等待它、理解它、感受它。真水之无性之性令人着迷万分，无香以示其真。香乃人类各种感官可以触及并感知的一种高级的感官体验，为一个感知接口。

真水无香表现爱美之心、求真之心、弃杂之心、思纯之心、滤己之心。

B铜奖
ronze award

星空下的草原
——内蒙古环保科技大厦

项目地址：内蒙古自治区呼和浩特市赛罕区
设计单位：广州市意作方东装饰设计有限公司
设计主创：张志锋、刘晶
设计团队：何昆峰、王荣峰、姚志浩
设计时间：2014 年 1 月
开放时间：2015 年 1 月
项目面积：50 000 平方米
主要材料：灰木纹大理石、人造石、木饰面、白色透光石、
　　　　　拉丝不锈钢

项目的设计主旨是唤起使用者的环保意识。设计主题定位为：生
命、人文、自然。生命本身具有无限的能量，亦会在自然界中提
供无限的能量。生命也为人文社会创造力量。可把使用者的生活
观与价值观提升至哲学层面。该设计提取自然界中的形态、色彩、
材质，为室内空间提供启发和创意，营造空间氛围，进而唤起使
用者对大自然的热爱。

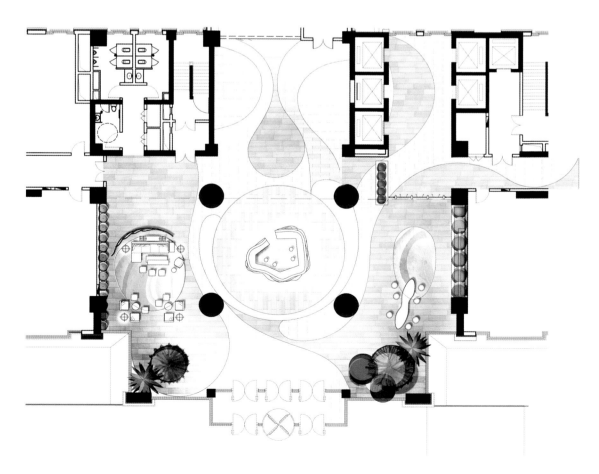

平面图

G金奖
Gold award

宏图街酒店

项目地址：河南省郑州市
设计单位：郑州弘文建筑装饰设计有限公司
设计主创：王政强、张雷
设计团队：郭全生、苏四强、杨志聚、何冰洁、郑轲、郝庆芳
设计时间：2014年5月
项目面积：12 000平方米
主要材料：大理石、皮革、成品板、布艺、老木头
撰　　文：张雷

宏图街酒店位于郑州市东区，面积约12 000平方米，规划客房139间，定位于具有"中原文化"特色的"东方风格"酒店。

空间设计运用自然重构的艺术手法，充分体现中原文化大、高、厚的特点；"嵩山"山体轮廓、枯枝光影效果、水墨画、纯朴的木头及"粉彩瓷"粉彩，共同提升了空间的文化品味。

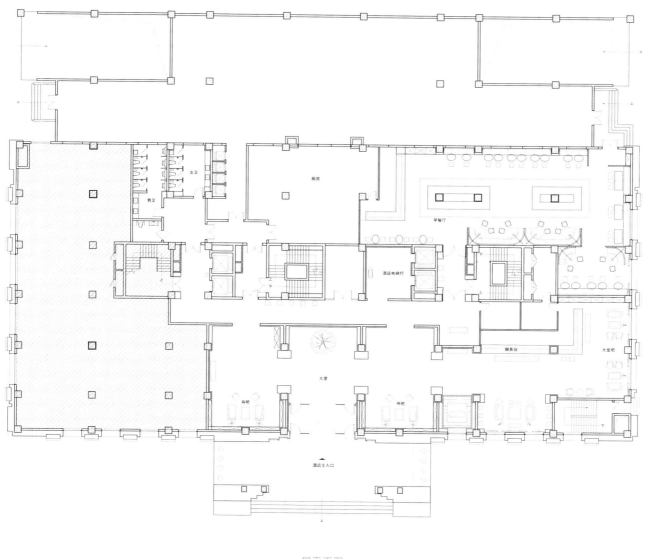

一层平面图

方案类
文化传承

S银奖
ilver award

河东苏园会

项目地址：四川省凉山彝族自治州西昌市黄水乡
设计单位：正工建筑顾问（北京）有限公司
设计主创：储文胜
设计团队：巴勇、旷晓旭、闫旭、毕春梅
设计时间：2013 年 6 月 – 2014 年 7 月
占地面积：3600 平方米
建筑面积：1500 平方米
主要材料：小青砖、小青瓦、樱桃木、青石板、人造石、紫铜

四川省凉山彝族自治州，西昌市黄水乡，常年气候宜人。苏园会
地处大河东边，东高、西低、有院庭，而且该地域文化中一部分
建筑符号与苏州园林建筑有着某些相通的地方，比如挑檐、山墙、
颜色等，所以取名"河东苏园会"。该会所建筑结合苏州园林的
建筑意境与当地的地域文化特征，把普世的园林美学贯通其间，
将享有美誉的中国两大"月域"（"西昌"与"扬州"）相结合，
找寻其中的和谐，自然之道，用创新的态度和手法彰显文化的兼
容与和谐是该设计的目的。规划布局体现了传统文化的几个特征：
"藏""透""院""融""庭"。室内部分延续这一特点，在
注重文化内涵的同时充分考虑环境的协调并采用节能减排技术，
例如充分利用大河边自然的穿堂风以及雨水收集系统减少能耗与
排放；对开的多扇门打开时，室内、外空间达到最大限度的交融，
人与自然和谐共生；多个中庭与走廊可以自然地调节传统建筑的
室温与氛围。室内设计如同一幅水墨画，惜墨如金，极简至真。

226

茶亭区

生活区

接待区

次出入口

后勤出入口

主出入口

茶亭区　生活区

接待区

功能分区示意图

平面图

S银奖
ilver award

奶奶家的房子

项目地址：湖南省湘西土家族自治县
设计单位：鸿扬家装
设计主创：张月太
设计时间：2014 年 8 月
项目面积：72 平方米

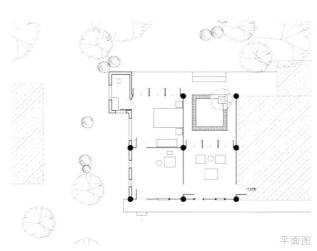

平面图

奶奶家的房子是从爷爷的父辈那里传下来的，是传统的土木结构建筑。我的父辈曾在这里出生、成长，我也在这里度过了美好的童年时光。墙缝里，板壁上，留下了我们许多珍贵的故事和回忆。

奶奶现在岁数大了，跟着大伯生活了，因此老房子闲置着。

由于各地的商业开发，若干的古老建筑仿佛在经济发展的大局下一夜消失。但同时地域性的古建筑修复与保护工程也在商业开发的大潮中保留了这些古建筑，烙下了历史的印记。

祖宗基业，或文化传承，或情感寄托，我感觉应该做点什么了。

B铜奖
Bronze award

龙人古琴

项目地址：福建省漳州市长泰县马洋溪生态旅游区鲤鱼区
设计单位：厦门意境室内设计顾问有限公司
设计主创：魏朝晖、程杨
设计时间：2013 年

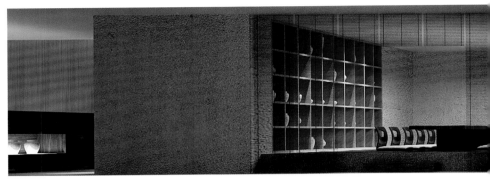

龙人古琴项目整体布局体现了中国古代建筑形态及文化内涵。中
式禅意风格独具一格。提取了闽南古建筑及徽派建筑元素。燕尾
脊、门扇、镂空的花格。坐南朝北的大讲坛。中正对称的手法。
庄严且大气。无不彰显出设计师对大自然和远古文化的尊重。琴
台的设计更是别出心裁。自由组合的琴桌琴凳逐一摆开便可作为
授课桌。设计师以古人的生活习惯为原型。结合现代中式文化。
贯穿古今。浑然天成。无牵强之迹。

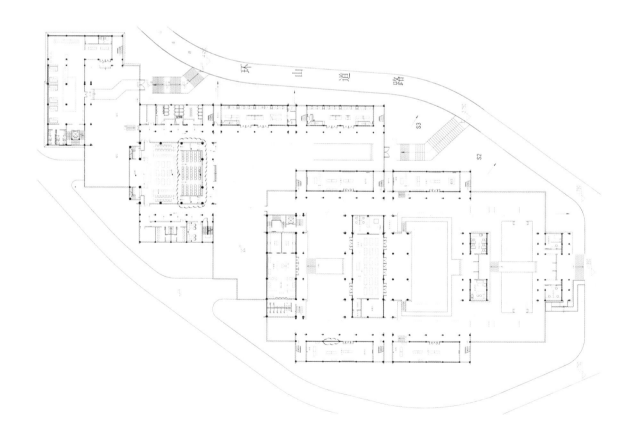

一层平面图

B铜奖
ronze award

悦享 SPA

项目地址：安徽省宁国市
设计单位：无锡市发现之旅装饰设计有限公司
项目主创：孙传进、胡强
设计团队：徐义稳、鲁亚东、吴茂磊、甘霖
设计时间：2014 年 4 月
开放时间：2014 年 11 月
项目面积：2800 平方米
主要材料：啡洞石、松木、黑铁、布面、藤编制品、草席

优雅、质朴的地域人文特征，远离喧嚣且从容、淡雅的空间格调，使徜徉于空间中的每个人都能够真真切切地感受空间的精神与灵魂。

该空间为一方舒缓、宁静的修心之地。设计师弘简禅意境，宁静而优雅，其简朴、舒适、随意的特性，流露出简素之美；

前厅的空间注重物体的简素之美，多使用木材，因为木材是有生命的。保持原木的素色和清晰的纹理，这样可以体现一种禅宗的简素精神。素面石材为 300/420/580/ 环形铺陈。2300 K 的重点照明落于素面石上，悠然而淡雅。

水料理区域在设计动线的引导下，天然条石的原始感拉近了人与人的距离，而黑铁及土壤色的材料，在 40℃水中浸渍后呈现出材料的简素本色，粗糙的质地，随意的形态无不体现出大自然的本色之美，在营造一番天真、淡泊、洒脱的景象的同时，更使人忘记烦恼。

由简素的物件和天然的材料所营造的室内空间，平和安详、超然物外，简素的自然色调尽显朴素、简约之美，这种精炼的视觉美感，正是禅意空间的体现。

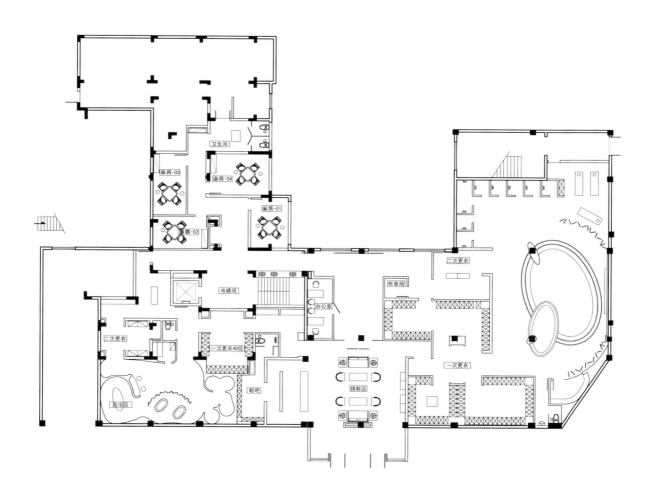

一层平面图

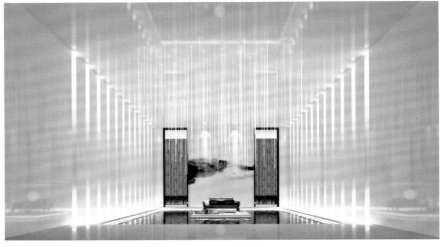

B铜奖
ronze award

拾味儿

设计单位：鸿扬家装
设计主创：谢志云

该项目为大项目空间别墅里一个单独的空间，空间脱离凡尘，一人一世界，拾起人生百味。建筑材料质朴，平和。用物质的"少"去追寻精神的"多"。在最原始的"方盒子"结构中，卷起裤脚，光着脚丫，独自一人体味久违的本心。

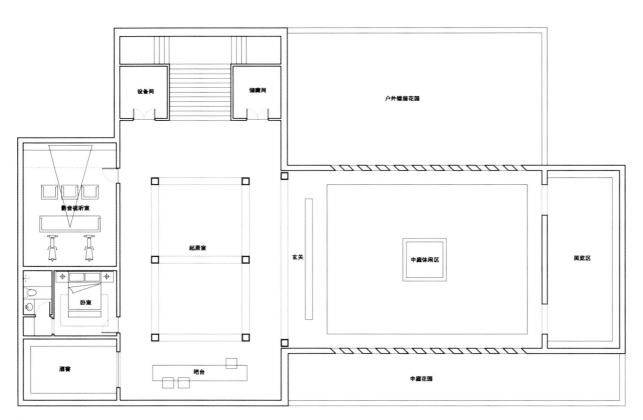

平面图

银奖
Silver award

天剑路一号

项目地址：湖南省长沙市
设计单位：鸿扬家装
设计主创：蒋栋梁
项目面积：1000平方米
主要材料：文化石、磨石子、清水混凝土、钢板、生态木、
立体绿化

项目位于长沙市天心区天剑路口一栋废弃的仓库中。其建于1975年，是原某建筑企业的设备库房。项目在设计方面存在难点：原本宽敞的空间结构是发挥创意的最佳点，但30 m×12 m×8.3 m的"巨大空壳子"，对于私人住宅来说却显得过于空旷。如何在这种矛盾的对立中寻求折中的平衡点，是该项目的重点。

新的设计尊重原有建筑结构，进行重塑与更生。将整个空间一分为二，并允许各个部分创造新的空间。经过设计师的功能处理、精化细节、现代诠释，空间被注入了新的活力。

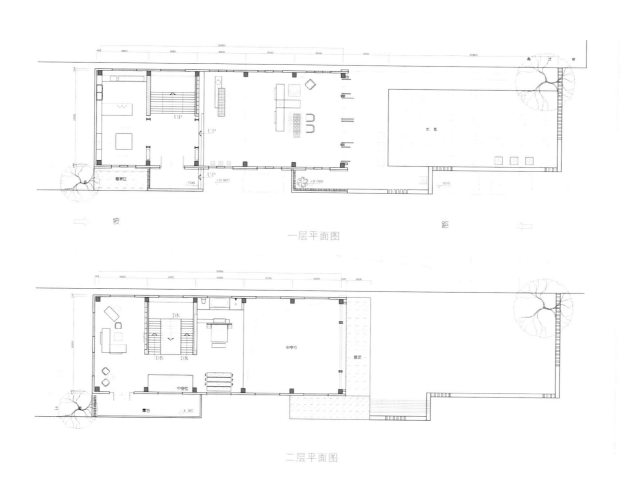

一层平面图

二层平面图

B铜奖
ronze award

千里之外

设计单位：湖南点石家装
设计主创：李江涛
设计团队：陈江波

霾尘忧心　声响扰人　能源炭炭　奢华成风
千里之外　觅寻佳境　峭岩万丈　山泉飞下
天地之物　大美悠然　倾己所思　筑修此间
置于水面　净构弃繁　半入崖内　冬暖夏凉
岩壁为背　老木为榻　经文引明　饮茶思棋
希然宁泊　上善若水　禅音绕耳　自省心静

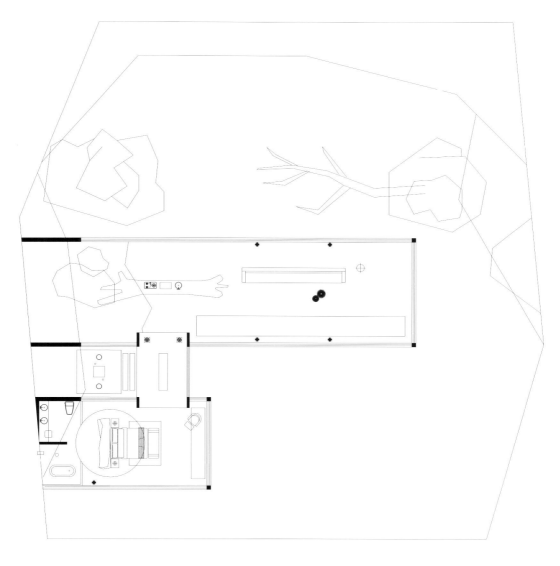

平面图

B铜奖
Bronze award

从容拾翠

项目地址：湖南省益阳市桃江县桃花江竹海景区
设计单位：湖南美迪装饰工程有限公司
设计主创：夏凡、赵益平
设计团队：张都、杨洪波
项目面积：1980 平方米
主要材料：竹子、石材、清玻、素水泥

该案旨在打造一个以"竹"为主题的茶会所，建筑及平面方案设计利用竹海景区之形态，表现"竹林环抱湖水"之意境。会所的内部设计运用环保理念，以可持续发展为前提，倡导当代绿色低碳生活。在空间表达方面，采用兼顾实用性和艺术性的方法，以简约的设计打造现代时尚的空间。空间设计以"竹"作为主线，恰到好处融入了"竹"的品质，向未来的消费者提供了一种独特的享受。空间清新质朴、美观时尚。通过"竹"在空间中的运用，表达了丰富的文化内涵，形成了独特的色彩。

"独坐幽篁里，弹琴复长啸。深林人不知，明月来相照。"希望该作品能够唤起人们"常怀空杯心，拥抱大自然"。

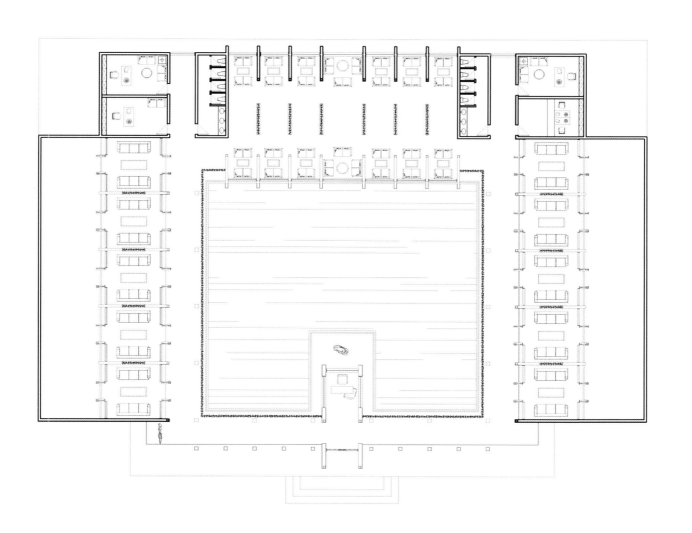

平面图

青阳力达电力安装
有限责任公司培训
中心改造工程

项目地址：安徽省青阳县
设计单位：杭州国美建筑设计研究院有限公司
设计主创：刘甲
设计团队：李杰、宋道玉、宋大伟、韩静
设计时间：2013 年 12 月

该案为工业仓储用地改造项目。青阳紧靠九华山风景区，交通便利，风景优美。为了更好地推动电力安装技术水平和青阳电力安装有限责任公司的自我提升，该案致力于基地改造，立足于为省内特别是青阳及周边地区的行业单位提供培训和交流的场所。

设计遵循了如下原则：

徽质原则：整体改造依托地域文化，突出地域特色。

园艺化原则：以园林文化为基础，通过高品位的环境配置和文化氛围的营造，打造具有一定品位的园艺化界面，提升城市的软实力。

城市形象与企业形象并重原则：整体空间和建筑风格的营造，除了体现企业本身的特质，更加强了与周边区域的整体塑造和关联，通过整体形象的有机整合，最终提升旅游城市的形象。

水木明瑟
——品鉴酒店固装家具馆

项目地址：广东省广州市番禺区榄核镇民生路 228 号
设计单位：广州市意作方东装饰设计有限公司
设计主创：刘晶
设计团队：张志锋、何昆峰、王荣峰、姚志浩
设计时间：2014 年 7 月
开放时间：2015 年 4 月
项目面积：10 000 平方米
主要材料：人造石、木饰面、科技木、白色透光石、
　　　　　拉丝不锈钢、清玻璃

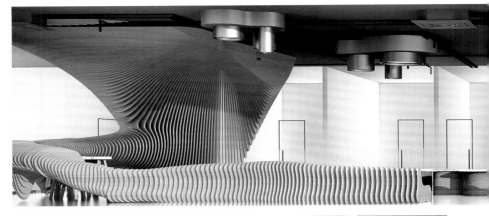

该项目为旧厂房改造项目，着重于展示酒店固装家具公司的特色产品。

主题分析：水的流动形成优美的动感曲线，木的质感细腻而刚硬，自然的特性成为自身的优点。水、木两者刚柔并济、相互调和。木因为水的温润而生长｜水生木。五行之中水木结合、相互转化，相生得利。水木明瑟是圆明园四十景之一，位于后湖以北、小园集聚区中央，是中国皇家园林中"用泰西水法"水声造景的先例。北魏·郦道元《水经注·济水》，"池上有客亭，左右楸桐，负日俯仰，目对鱼鸟，水木明瑟，可谓濠梁之性，物我无违矣。"水木明瑟，形容风景清爽、洁净。

形态分析：

1.形态手法：利用"拓扑几何学"研究各种自然形态在限定的空间范围内与人类活动的相互关系。自然形态因人类活动而连续变化且发生"拓扑变形"。

2.材质推敲：主体展示台由多种木饰面拼接而成，充分彰显出木饰面固装家具的不同属性、质感、工艺等。

3.色调搭比：突出体现中心展示台的木纹色彩，黑色天花板向上无限延伸，四周以白色和透明色为主，形成消隐的背景。

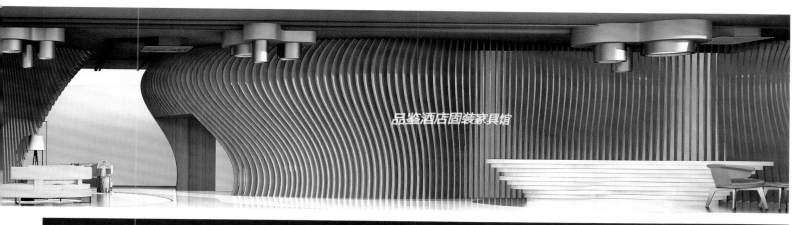
品鉴酒店固装家具馆

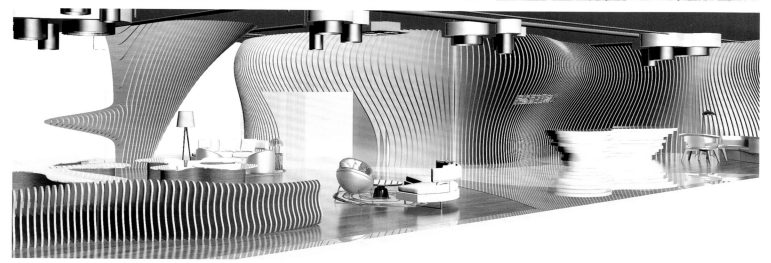

生态韵动

——鸿进口腔

项目地址：福建省泉州市丰泽区恒丰商厦
设计单位：泉州市尚品装饰设计事务所
设计主创：林晓慧
设计团队：林春晗
设计时间：2014 年 2 月 – 2014 年 4 月
项目面积：410 平方米
主要材料：生态板、环氧树脂、木地板、白聚酯

诊所设计是商业空间设计的一种，商业空间设计不仅要考虑其功能性，还要考虑环境带给受众者的感受，让患者在就医过程中感觉舒适，轻松是该案设计的重点。因此，该案打破了传统牙科设计风格，力求将"绿色""健康""运动"的元素完美结合，使整个诊所充满生机。

该诊所位于大厦的高层，以入口为界，将诊所的候诊区和诊疗室以及工作区区隔开来，入口右侧"候诊区"以返璞归真，自然休闲为基调，运用了大面积的植物墙、木饰面，透过宽敞的落地玻璃可以尽揽美景，为等候的患者营造了一个轻松、愉快的环境。而"诊疗区"则以"跑道"为设计元素，突出了运动的主题，打破了以往方正的设计模式，大面积的玻璃隔断不仅增加了空间感也带来了充足的自然采光。树林喷砂玻璃和群鸟装置，使人仿佛穿行于森林中。飘逸的弧形墙，横向的律动，相互呼应的天花板弧线与地面造型，使空间充满张力，使各个细节形成一个有机的整体。

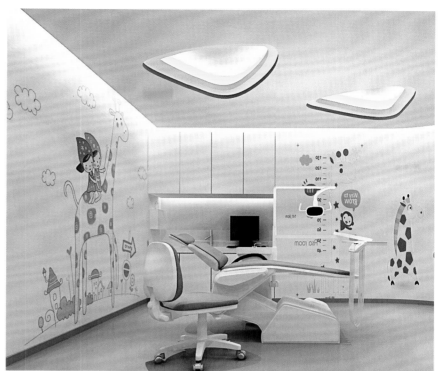

双山岛高尔夫会所

项目地址：江苏省张家港市双山岛风景区
设计单位：杭州静源创设建筑装饰设计有限公司
设计主创：朱利峰
设计团队：李静源
设计时间：2014 年 6 月
项目面积：5000 平方米
主要材料：成品木饰面板、木地板、国产灰麻、肌理涂料

该案为高尔夫会所，位于江苏张家港市双山岛风景区，双山岛四面环水，绿树成荫，环境极佳。高尔夫会所则隐于绿树之中，其建筑为仿古坡屋顶，建筑面积 5000 平方米，地上 3 层，地下 1 层，共 4 层。其中地下 1 层为员工宿舍及办公空间，地上 3 层均为接待空间及餐饮包厢空间等。

会所平面布局结合原有建筑形体，尊重周边环境与建筑的相互关系，强调人与自然的和谐，并运用中国古典园林中的遮、挡、借景等造景手法营造室内空间。空间设计则通过对室外光线的再过滤、植物景墙的再营造、室内水景的再布局等强调室内外空间的相互交流，同时体现了该设计的创作源泉。即使身处室内空间，也能感受到室外阳光、绿色的高尔夫生态体验氛围。

酒店会所工程类 万科铜山街滨江会所

所获奖项：酒店会所工程类入选奖
设计单位：上海乐尚设计
设计主创：乐尚设计

酒店会所工程类 露会所

所获奖项：酒店会所工程类入选奖
设计单位：南京名谷设计机构
设计主创：潘冉

合而不同——默名会所

所获奖项：酒店会所工程类入选奖
设计单位：洛阳东厢营造设计机构
设计主创：李凡
设计团队：郭全生

美的广场——擎峰会所

所获奖项：酒店会所工程类入选奖
设计单位：顺德美霖装饰设计工程有限公司
设计主创：熊朝辉

酒店会所工程类 **贵安溪山温泉度假酒店**

所获奖项：酒店会所工程类入选奖
设计单位：HID 华伍德设计咨询（福建）有限公司
设计主创：何华武
设计团队：龚志强、吴凤珍、林航英、蔡秋娇、杨尚炜、郭礼燊

酒店会所工程类 **济源东方建国饭店**

所获奖项：酒店会所工程类入选奖
设计单位：河南鼎合建筑装饰设计工程有限公司
设计主创：孙华锋、刘世尧
设计团队：张丽娟、李珂、王方、孙健、郭新霞、孙卫民、杨景瑞、郑振威

无锡艾迪二期花园酒店

所获奖项：酒店会所工程类入选奖
设计单位：吕邵苍酒店设计事务所
设计主创：吕邵苍、王剑
设计团队：吕欣

唯业第三空间——星空咖啡

所获奖项：餐饮工程类入选奖
设计单位：南京市室内装饰工程有限公司
设计主创：徐茂华

映像村野

所获奖项：餐饮工程类入选奖
设计单位：南京名谷设计机构
设计主创：潘冉

陶然居

所获奖项：餐饮工程类入选奖
设计单位：XSD 设计事务所
设计主创：徐攀

眉州东坡酒楼——苏州万科美好广场店

所获奖项：餐饮工程类入选奖
设计单位：经典国际设计机构（亚洲）有限公司
设计主创：王砚晨．李向宁
设计团队：郑春栋

东篱·叙

所获奖项：餐饮工程类入选奖
设计单位：苏州叙品设计装饰工程有限公司
设计主创：蒋国兴

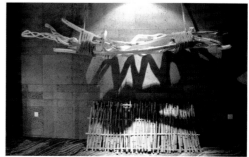

餐饮工程类 客满堂香辣小馆

所获奖项：餐饮工程类入选奖
设计单位：东莞市王评装饰设计有限公司
设计主创：王评
设计团队：刘华贵

餐饮工程类 香轩丽舍

所获奖项：餐饮工程类入选奖
设计单位：黑龙江省佳木斯市豪思装饰
设计主创：王严钧

三蝶分子美食餐厅

所获奖项：餐饮工程类入选奖
设计单位：成都多维设计事务所
设计主创：范斌、张晓莹、张鹏
设计团队：多维设计团队

扬州东园小馆

所获奖项：餐饮工程类入选奖
设计单位：上瑞元筑设计制作有限公司
设计主创：孙黎明
设计团队：耿顺峰、陈浩

餐饮工程类 长临河——徐州淡水渔家

所获奖项：餐饮工程类入选奖
设计单位：上瑞元筑设计制作有限公司
设计主创：冯嘉云
设计团队：陆荣华、铁柱、刘斌

餐饮工程类 许昌阿五美食

所获奖项：餐饮工程类入选奖
设计单位：郑州筑详建筑装饰设计有限公司
设计主创：刘丽、孟祥凯
设计团队：张岩岩、赵莹莹、宁晓静

"柔界"——凯瑟琳·黑裙

所获奖项：休闲娱乐工程类入选奖
设计单位：洛阳红星郭是设计工程有限公司
设计主创：李成保

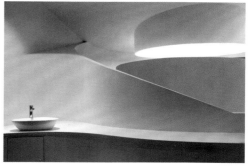

森林栖息地——"永泽上公馆"销售体验中心

所获奖项：休闲娱乐工程类入选奖
设计单位：郑州筑详建筑装饰设计有限公司
设计主创：刘丽、孟祥凯
设计团队：师晓倩、晁永超、宁静、赵莹莹

零售商业工程类 峡谷流水——FM服装中华园店

所获奖项：零售商业工程类入选奖
设计单位：成都璞石品牌设计有限公司
设计主创：毛继军、吴秀毅
设计团队：向晓燕

零售商业工程类 时代浮石

所获奖项：零售商业工程类入选奖
设计单位：广州市东仓装饰设计有限公司
设计主创：余霖
设计团队：雷华杰

戏剧化的强烈对比——泡泡艺廊空间

所获奖项：零售商业工程类入选奖
设计单位：于强室内设计师事务所
设计主创：毛桦

新华联民企总部售楼中心

所获奖项：零售商业工程类入选奖
设计单位：北京丽贝亚建筑装饰工程有限公司
设计主创：迟凯
设计团队：王成君、杜春亮、王睿

零售商业工程类 实力地产 C01 栋 302 房

所获奖项：零售商业工程类入选奖
设计单位：5+2 设计（柏舍励创专属机构）

零售商业工程类 慕思总部展厅

所获奖项：零售商业工程类入选奖
设计单位：陈飞杰香港设计事务所
设计主创：陈飞杰，夏春卉
设计团队：欧伟培，董玉军

欧灵造型——瑞景店

所获奖项：零售商业工程类入选奖
设计单位：厦门一亩梁田设计顾问
设计主创：曾伟坤
设计团队：曾伟锋、李霖

惠阳诚杰壹中心写字楼·办公样板间

所获奖项：零售商业工程类入选奖
设计单位：深圳市新域室内设计有限公司
设计主创：庄发称
设计团队：潘伟君、陈全金、罗熙明、彭奔、黄志全、邱希雯

零售商业工程类 # 嘉都会所

所获奖项：零售商业工程类入选奖
设计单位：博溥（北京）建筑工程顾问有限公司
设计主创：刘珂、桑振宁
设计团队：刘春录、郭立海

零售商业工程类 # 109 STONE

所获奖项：零售商业工程类入选奖
设计单位：佛山市瑞坤设计策划有限公司
设计主创：徐庆良
设计团队：彭伟赞、黄缵全

时代广场销售中心

所获奖项：零售商业工程类入选奖
设计单位：珠海捌五装饰设计工程有限公司
设计主创：唐锦同
设计团队：唐锦道、唐锦泉、张伟琪

北京威克多（VICUTU）制衣改造

所获奖项：办公类工程入选奖
设计单位：中国建筑设计院有限公司
设计主创：张晔　纪岩
设计团队：饶劢、郭林、韩文文、马萌雪、顾大海、刘烨、谈星火、邵涛、秦君、李甲、曹雷

办公工程类 **厦门仁洪科技办公室**

所获奖项：办公工程类入选奖
设计单位：厦门徐福民室内设计有限公司
设计主创：徐福民

办公工程类 **云中城**

所获奖项：办公工程类入选奖
设计单位：宽北装饰设计有限公司
设计主创：郑杨辉
设计团队：黄友磊

叙品设计新疆分公司（时代广场）

所获奖项：办公工程类入选奖
设计单位：苏州叙品设计装饰工程有限公司
设计主创：蒋国兴

杭州滨江企业办公楼

所获奖项：办公工程类入选奖
设计单位：杭州静源创设建筑装饰设计有限公司
设计主创：李静源

办公工程类 ## 正迪集团

所获奖项：办公工程类入选奖
设计单位：泛文中国设计机构
设计主创：蒋华健

办公工程类 ## 北京电视台网络新媒体展示区改造工程

所获奖项：办公工程类入选奖
设计单位：苏州金螳螂建筑装饰股份有限公司
设计主创：舒剑平、仇耿
设计团队：尹钥、库一浩、张有志

新会陈皮村交易中心

所获奖项：办公工程类入选奖
设计单位：广州市山田组设计院
设计主创：吴宗敏、吴宗建
设计团队：吴祖斌、冯盛强、刘津

成都上界室内设计有限公司

所获奖项：办公工程类入选奖
设计单位：成都上界室内设计有限公司
设计主创：李军
设计团队：张德超、谌伦琼

办公工程类

三盛 CITY 港口工作室

所获奖项：办公工程类入选奖
设计单位：福建省建筑设计研究院
设计主创：方丰阳
设计团队：何嘉、DIRKU MOENCH

文化展工程览类

黄河科技大学科技园

所获奖项：文化展览工程类入选奖
设计单位：河南壹念叁仟装饰设计工程有限公司
设计主创：李战强
设计团队：李浩

Y.X.HOUSE

所获奖项：住宅工程类入选奖
设计单位：湖南点石家装
设计主创：张双喜

异时空的邂逅

所获奖项：住宅工程类入选奖
设计单位：福州万欣装饰设计有限公司
设计主创：张士成

住宅工程类 **上海万科翡翠别墅**

所获奖项：住宅工程类入选奖
设计单位：LSDCASA
设计主创：葛亚曦
设计团队：李萍、赵复露、刘德永

住宅工程类 **北京财富公馆御河城堡**

所获奖项：住宅工程类入选奖
设计单位：LSDCASA
设计主创：葛亚曦
设计团队：蒋文蔚

宁璞勿时

所获奖项：住宅工程类入选奖
设计单位：XSD 设计事务所
设计主创：徐攀、陈罗辉

私人定制

所获奖项：住宅工程类入选奖
设计单位：一诺诺一设计顾问有限公司
设计主创：赵鑫
设计团队：索莉

住宅工程类 路

所获奖项：住宅工程类入选奖
设计单位：渡道国际空间设计
设计主创：孟也
设计团队：孟也空间创意设计事务所

住宅工程类 书香致远 屋华天然

所获奖项：住宅工程类入选奖
设计单位：宽北装饰设计有限公司
设计主创：郑杨辉
设计团队：许珺、杨贤利、黄强

心宿

所获奖项：住宅工程类入选奖
设计单位：宽北装饰设计有限公司
设计主创：郑杨辉
设计团队：郑成龙

依岸康堤

所获奖项：住宅工程类入选奖
设计单位：佛山市瑞坤设计策划有限公司
设计主创：徐庆良
设计团队：彭伟赞、黄缵全

住宅工程类 乐驻

所获奖项：住宅工程类入选奖
设计单位：湖南美迪装饰工程有限公司
设计主创：熊皓、赵益平
设计团队：李刚

住宅工程类 雕刻时光

所获奖项：住宅工程类入选奖
设计单位：品伊创意集团 & 美国 IARI 刘卫军设计师事务所
设计主创：刘卫军、梁义
设计团队：袁朝贵、陈春龙、刘淑苗、李莎莉

曲悦风尚居

所获奖项：住宅工程类入选奖
设计单位：品伊国际创意集团 & 美国 IARI 刘卫军设计师事务所
设计主创：刘卫军、梁义
设计团队：李莎莉、方永杰

致 80

所获奖项：住宅工程类入选奖
设计单位：鸿扬家装
设计主创：罗厚石

住宅工程类 ## 空中宅院

所获奖项：住宅工程类入选奖
设计单位：二合永空间设计事务所
设计主创：曹二合永（曹刚）
设计团队：闫亚男、杨韬

住宅工程类 ## 云南实力地产玖如堂样板间

所获奖项：住宅工程类入选奖
设计单位：重庆品辰装饰工程设计有限公司
设计主创：庞飞、李健
设计团队：夏婷婷、黄琳、李健井

哈尔滨工业大学建筑设计研究院寒地建筑科学实验楼

所获奖项：概念创新方案类入选奖
设计单位：黑龙江国光建筑装饰设计研究院有限公司
设计主创：张志颖
设计团队：张向为、李永翔

广西南宁波士顿酒店

所获奖项：概念创新方案类入选奖
设计单位：广东星艺装饰集团广西有限公司
设计主创：凌立成、许舰
设计团队：陈路雯、严威

概念创新方案类 **泰乐会哈尔滨店**

所获奖项：概念创新方案类入选奖
设计单位：北京丽贝亚建筑装饰工程有限公司
设计主创：鲁小川

概念创新方案类 **中关村软件园技术维护与交流中心**

所获奖项：概念创新方案类入选奖
设计单位：北京丽贝亚建筑装饰工程有限公司
设计主创：DAVID、张晓明
设计团队：张万磊、何洋、李昊轩

廊坊苏宁广场

所获奖项：概念创新方案类入选奖
设计单位：北京丽贝亚建筑装饰工程有限公司
设计主创：李孝义
设计团队：黄乡东、罗菲、刘会兰

苏州高新区人民医院二期工程

所获奖项：概念创新方案类入选奖
设计单位：苏州设计研究院股份有限公司
设计主创：戴丽丽、徐侃
设计团队：朱剑、陈吉丽、程国明、顾海雷、颜岩、刘想亮、韩冰

概念创新方案类 断舍离

所获奖项：概念创新方案类入选奖
设计单位：湖南点石家装
设计主创：张雅竹

概念创新方案类 掌尚科技办公空间

所获奖项：概念创新方案类入选奖
设计单位：湖南点石家装
设计主创：李桂章

欧泊港湾样板房

所获奖项：概念创新方案类入选奖
设计单位：湖南点石家装
设计主创：李桂章

中国建筑设计研究院创新科研示范楼

所获奖项：概念创新方案类入选奖
设计单位：中国建筑设计院有限公司
设计主创：韩文文、顾大海
设计团队：刘烨、张哲婧、纪岩、饶劢、郭林、马萌雪、彭雪莱、刘露蕊

概念创新方案类 ## 悦曲

所获奖项：概念创新方案类入选奖
设计单位：湖南点石家装
设计主创：罗波、王玮璐

概念创新方案类 ## 成都新鸿基悦城 13—1—602 样板间

所获奖项：概念创新方案类入选奖
设计单位：成都 ENG 室内设计有限公司
设计主创：杨鹏
设计团队：谢蝶蓉

宜宾东方时代广场竺汐艺术设计型酒店

所获奖项：概念创新方案类入选奖
设计单位：南京金陵建筑装饰有限责任公司
设计主创：徐松、陈鸣
设计团队：苏北、鲁越、丁伟、陈鹏远、张照华

现代的理性生活——华侨城住宅

所获奖项：概念创新方案类入选奖
设计单位：深圳市天工堡装饰设计工程有限公司
设计主创：黄海东

概念创新方案类 华数白马湖数字电视产业园建设项目室内空间

所获奖项：概念创新方案类入选奖
设计单位：杭州国美建筑设计研究院有限公司
设计主创：李静源
设计团队：DARIO、胡栩、朱利峰、方彧

概念创新方案类 自贡川南音乐广场室内装饰

所获奖项：概念创新方案类入选奖
设计单位：成都市建筑设计研究院环境艺术设计所
设计主创：黄志斌
设计团队：董恩泽、李涛、宋孙腾

赤道几内亚议会大厦

所获奖项：概念创新方案类入选奖
设计单位：北京筑邦建筑装饰工程有限公司
设计主创：董强、樊潼
设计团队：霍丹、屈旋

青城堰道别墅独栋 A 样板间

所获奖项：概念创新方案类入选奖
设计单位：成都龙徽工程设计顾问有限公司
设计主创：唐翔
设计团队：李莉珊

概念创新方案类 # 北京艺慧艺术馆

所获奖项：概念创新方案类入选奖
设计单位：深圳市洪涛装饰股份有限公司
设计主创：赖志明
设计团队：钟黎、吴秀珍

概念创新方案类 # 苏州有轨电车展示馆

所获奖项：概念创新方案类入选奖
设计单位：苏州和式设计营造股份有限公司
设计主创：刘学飞、段世维
设计团队：李念、刘霄潇、邵宇

凝

所获奖项：概念创新方案类入选奖
设计单位：徐猛设计师事务所
设计主创：徐猛、向如
设计团队：周利、徐玲玲

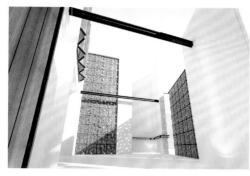  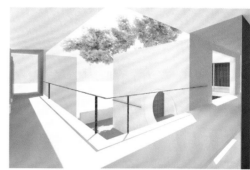

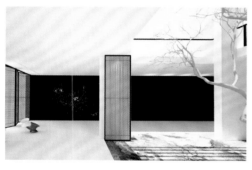  

张家港梁丰生态园接待中心

所获奖项：概念创新方案类入选奖
设计单位：苏州金螳螂建筑装饰股份有限公司
设计主创：季春华、穆恩典
设计团队：倪超、张小优、黄铭昌

概念创新方案类 # 郑州基正金悦府售楼处

所获奖项：概念创新方案类入选奖
设计单位：苏州金螳螂建筑装饰股份有限公司
设计主创：朱春林、杨飞
设计团队：李炜、王华伟、陈虎、陈莎莉、陈思、朱武、蒋斗志、陆志良、刘洋、金晨雷、周璇、曾瑱

概念创新方案类 # 亦城财富中心室内精装修

所获奖项：概念创新方案类入选奖
设计单位：中国中元国际工程有限公司
设计主创：陈亮、张羽飞
设计团队：俞劼、孙晓铭、王群、姜晓丹、王艳洁、庄大伟、胡海涛、刘莎莎、侯文静、王凤娇

英图国际教育机构（太原店）

所获奖项：概念创新方案类入选奖
设计单位：山西嘉华集景环境艺术设计有限公司
设计主创：白向峰、赵彦兵
设计团队：范志强、杨静、史玉兵、安美琳

千玺 59 主题文化景观餐厅

所获奖项：概念创新方案类入选奖
设计单位：河南鼎合建筑装饰设计工程有限公司
设计主创：孔仲迅
设计团队：付静、师云香

概念创新方案类 # 郑州展硕办公室

所获奖项：概念创新方案类入选奖
设计单位：河南鼎合建筑装饰设计工程有限公司
设计主创：刘世尧
设计团队：李珂、李男、郭新霞、董浩天

概念创新方案类 # 厦门建发国际大厦

所获奖项：概念创新方案类入选奖
设计单位：北京清水爱派建筑设计有限公司
设计主创：程刚、王哲
设计团队：杨伟勤、孙锋、陶晓菲、张灿、董凌宇、邵鸣宇、赵栓成

中广核大厦

所获奖项：概念创新方案类入选奖
设计单位：北京清水爱派建筑设计有限公司
设计主创：程刚、杨伟勤
设计团队：孙锋、彭黄姬、李薇、姚岳亮、陶晓菲、李震、聂洪涛、夏金琳、杨琳、黄靖、韩秀兰、王英欣、董凌宇、邵鸣宇

顺昌实验小学图书馆

所获奖项：概念创新方案类入选奖
设计单位：厦门俊合建筑设计有限公司
设计主创：姜辉、徐银鹭

概念创新方案类 漫城生活·寻味餐厅

所获奖项：概念创新方案类入选奖
设计单位：山西省长治市万和装饰设计工程有限公司
设计主创：陈榆、王昌治
设计团队：梁俊亭、梁超、冯佳伟、张小飞

概念创新方案类 修身齐家

所获奖项：概念创新方案类入选奖
设计单位：深圳市润尚酒店设计有限公司
设计主创：尹盛涛、罗林
设计团队：包继荣

天境 · 唱

所获奖项：概念创新方案类入选奖
设计单位：鸿扬家装
设计主创：谷仍求
设计团队：万琦

长春城市地铁交通一号线

所获奖项：概念创新方案类入选奖
设计单位：北京建院装饰工程有限公司
设计主创：曹殿龙、王盟
设计团队：高伸初、赵书玲、李静、高文娟、程明星

文化传承方案类 禅韵——紫薇度假山庄 B10 户型室内外装修

所获奖项：文化传承方案类入选奖
设计单位：西安新雅居室内设计装饰公司
设计主创：梁少刚

文化传承方案类 清欢

所获奖项：文化传承方案类入选奖
设计单位：长沙喜居安别墅装饰专家会所
设计主创：毛新华、徐亚琼
设计团队：俞宇欣

西安欧御大酒店

所获奖项：文化传承方案类入选奖
设计单位：北京筑邦建筑装饰工程有限公司成都分公司
设计主创：曾麒麟
设计团队：吴佳玲、高敏、成茂华、李亚军

永逸广场逸酒店

所获奖项：文化传承方案类入选奖
设计单位：北京丽贝亚建筑装饰工程有限公司
设计主创：李孝辉
设计团队：常宏龙、王林林、徐国坤

文化传承方案类 # 石艺空间

所获奖项：文化传承方案类入选奖
设计单位：香港众升国际设计策划有限公司
设计主创：林俊雄

文化传承方案类 # 敦煌国际会议中心与大剧院

所获奖项：文化传承方案类入选奖
设计单位：中国建筑设计研究院室内所
设计主创：顾建英、曹阳
设计团队：李鹏旭、高川

宝鸡宏·如意茵香国学国医文化生态养生基地

所获奖项：文化传承方案类入选奖
设计单位：中国建筑设计研究院
设计主创：许丽伟
设计团队：张明杰、邸士武、江鹏、张然、王墨涵、李毅

冰清玉洁

所获奖项：文化传承方案类入选奖
设计单位：随意居杨威设计事务所
设计主创：杨威、钟辉

文化传承方案类 临终关怀疗养机构

所获奖项：文化传承方案类入选奖
设计单位：兰州星熠装饰设计有限公司
设计主创：马熠
设计团队：姚嘉俊、徐冰、马键

文化传承方案类 "自在土"国学会馆

所获奖项：文化传承方案类入选奖
设计单位：西安美术学院
设计主创：刘晨晨

寿山石博物馆展陈空间

所获奖项：文化传承方案类入选奖
设计单位：北京清尚建筑装饰工程有限公司
设计主创：张磊
设计团队：高魏、侯安多、王鹏

临沂大剧院

所获奖项：文化传承方案类入选奖
设计单位：深圳市洪涛装饰股份有限公司
设计主创：邬强
设计团队：江涛

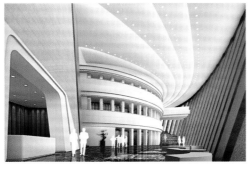

文化传承方案类 **吉林市人民大剧院**

所获奖项：文化传承方案类入选奖
设计单位：深圳市洪涛装饰股份有限公司
设计主创：范晓刚、曹航超

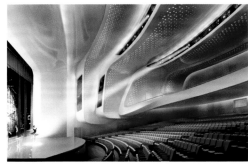

文化传承方案类 **安徽省美术馆室内空间**

所获奖项：文化传承方案类入选奖
设计单位：北京清尚环艺建筑设计院有限公司
设计主创：苏丹、于立晗
设计团队：崔家华、陈宏宽、陈国、韩玥、赵辰、曲金亮

乾隆与木渎文化主题酒店

所获奖项：文化传承方案类入选奖
设计单位：苏州和式设计营造股份有限公司
设计主创：童武斌、张金峰
设计团队：张林、梁建兵、赵迟、王二东、朱正国、李爱俊

百胜达君王酒店

所获奖项：文化传承方案类入选奖
设计单位：东莞市王评装饰设计有限公司
设计主创：王评
设计团队：刘华贵

文化传承方案类 昆明金座售楼体验中心

所获奖项：文化传承方案类入选奖
设计单位：苏州金螳螂建筑装饰股份有限公司
设计主创：陈晓慧、梁虓
设计团队：周浩、韩玲玲、杨道睿、王郭彬、周经纬、刘虎

文化传承方案类 山东菏泽国际牡丹学术交流中心

所获奖项：文化传承方案类入选奖
设计单位：苏州金螳螂建筑装饰股份有限公司
设计主创：吴镝、纪颖

一丝禅境

所获奖项：文化传承方案类入选奖
设计单位：福州中和设计事务所
设计主创：陈锐锋

思想者的空间

所获奖项：文化传承方案类入选奖
设计单位：唐玛国际设计机构
设计主创：林民

文化传承方案类 授 蓝

所获奖项：文化传承方案类入选奖
设计单位：湖南美迪装饰工程有限公司
设计主创：张都、赵益平
设计团队：杨洪波、李沛、郭俊杰

文化传承方案类 鸟语书香

所获奖项：文化传承方案类入选奖
设计单位：广汉古迪豪思装饰设计有限公司
设计主创：李廷伟
设计团队：巫孝冬

水舍

所获奖项：文化传承方案类入选奖
设计单位：鸿扬家装
设计主创：谢江波

改建住宅

所获奖项：生态环保方案类入选奖
设计单位：U设计机构
设计主创：陈强

生态环保方案类

赏雪观星／骑行者木屋

所获奖项：生态环保方案类入选奖
设计单位：湖北美术学院
设计主创：何凡．黄曦

生态环保方案类

盐城新滩餐饮楼

所获奖项：生态环保方案类入选奖
设计单位：苏州金螳螂建筑装饰股份有限公司
设计主创：朱春林、杨飞
设计团队：李炜、王华伟、陈虎、陈莎莉、陈思、朱武、蒋斗龙、陆志良、刘洋、金晨蕾、周璇、曾瑱

生长的房子——美景九悦山售楼处

所获奖项：生态环保方案类入选奖
设计单位：东厢营造设计顾问机构
设计主创：李凡
设计团队：谭子颖、贺笑青

最佳设计企业的名单

郑州弘文建筑装饰设计有限公司

"宏图街酒店" 获文化传承方案类   金 奖
"老房子" 获酒店会所工程类   金 奖

鸿扬家装

"奶奶家的房子" 获文化传承方案类   银 奖
"天剑路一号" 获生态环保方案类   银 奖
"糅盒" 获住宅工程类   铜 奖
"拾味儿" 获文化传承方案类   铜 奖
"水舍" 获文化传承方案类   入选奖
"天境·唱" 获概念创新方案类   入选奖
"致 80" 获住宅工程类   入选奖

厦门俊合建筑设计有限公司

"厦门实验小学图书馆" 获教育医疗工程类   金 奖
"厦门合立道大厦室内装修" 获概念创新方案类   银 奖
"顺昌实验小学图书馆" 获概念创新方案类   入选奖

广州华地组环境艺术设计有限公司

"2013 广州国际设计周——'回'展厅" 获文化展览工程类   金 奖
"长沙东怡'外国'销售中心" 获零售商业工程类   铜 奖

徐代恒设计事务所

"芝度法式烘焙坊（建政店）" 获零售商业工程类   金 奖
"山语城庞宅" 获住宅工程类   铜 奖

河南鼎合建筑装饰设计工程有限公司

"瑞禾园雅集会所" 获酒店会所工程类   银 奖
"云鼎汇砂丹尼斯一天地店" 获餐饮工程类   银 奖
"济源东方建国饭店" 获酒店会所工程类   入选奖
"千玺 59 主题文化景观餐厅" 获概念创新方案类   入选奖
"郑州展硕办公室" 获概念创新方案类   入选奖

苏州金螳螂建筑装饰工程有限公司

"青岛产业园行政办公室" 获办公工程类   银 奖
"北京电视台网络新媒体展示区改造工程" 获办公工程类   入选奖
"昆明金座售楼体验中心" 获文化传承方案类   入选奖
"山东菏泽国际牡丹学术交流中心" 获文化传承方案类   入选奖
"盐城新滩餐饮楼" 获生态环保方案类   入选奖
"张家港梁丰生态园接待中心" 获概念创新方案类   入选奖
"郑州基正金悦府售楼处" 获概念创新方案类   入选奖

本则创意（柏舍励创专属机构）

"长白山池南区项目展示中心" 获概念创新方案类   金 奖
"玖如堂 C2 样板房" 获零售商业工程类   铜 奖

5+2 设计（柏舍励创专属机构）

"阳光马德里示范单元 D4 户型" 获零售商业工程类   银 奖
"实力地产 C01 栋 302 房" 零售商业工程类   入选奖

柏舍设计（柏舍励创专属机构）

"成都中德英伦联邦 A 区 12 号顶楼复式单元" 获住宅工程类   入选奖

合肥许建国建筑室内装饰设计有限公司

"于舍" 获住宅工程类   金 奖

蓝色设计

"印·记——郑州万象城阿五美食" 获餐饮工程类   金 奖

星艺－谭立予设计师工作室

"凯旋门复式单元" 获住宅工程类   金 奖

中国无印良品空间设计事务所

"一行一世界 一静一禅心" 获办公工程类   金 奖